手工基础入门

编绳基础入门

编著
犀文圖書

全书

（大字护眼）

U0339622

天津出版传媒集团

天津科技翻译出版有限公司

前言 Preface

  编绳来源于上古时期的结绳记事。在文字发明以前，古人通常会在一条绳子上编结，用来计数或者记录事件。至于结绳的方法，通常是以结的大小来表示事情的大小，以结的多寡来表示事情发生的次数。到了文字发明以后，结绳渐渐地从记事演变成了各种各样的装饰品，从而发展成了风靡四方的手工艺——编绳。

  编绳取材简单多样，玉线、蜡绳、皮绳、棉绳等，甚至是废弃的耳机绳，都可用来编绳。编绳的乐趣在于心手合一，心在想，手在动，轻拢慢捻抹复挑，不需多长时间，便能编出或经典、或时尚、或清新的编绳饰物。

  如果您是编绳的初学者，那么，您需要一本关于编绳的入门书，这本《编绳基础入门全书》就是为您准备的。本书图文并茂，大字高清，让您阅读起来毫无障碍。本书分为三个部分，包括基础知识、基础结法和结法运用。其中，基础知识介绍了编绳常用的线材、工具和配件。基础结法介绍了单结、线圈结、平结、蛇结、斜卷结、盘长结、团锦结等编绳常用的结法。每种结法都有简单明了的步骤和详细的解说，不管是单线编绳，还是双线编绳，甚至是多线编绳，都能让您一目了然，一学就会。在掌握了这些基础结法的技巧之后，您可参照结法运用中的款式进行制作，甚至可以运用各种结法与玉石、木珠、琥珀等配件进行巧妙的组合，创作出匠心独运的作品。

  您还在犹豫什么呢？准备好相关材料，跟着本书一起体验编绳给您带来的无限乐趣吧！

编者

目录 Contents

结法运用

基础知识

Bian Sheng

常用线材

股线

股线有单色和七彩色，分3股、6股、9股、12股、15股等规格。常用于绕在编绳的结饰上面做装饰，在制作细款的手绳、脚绳、腰带、手机挂绳等小饰物时也较常应用。

芊绵线

芊绵线有美观的纹路，适合制作简易的手绳、项链绳、手机挂绳、手包挂绳等饰品。

麻绳

麻绳带有民族特色，质地有粗有细，较粗的适合用来制作腰带、挂饰等，较细的适合用来制作贴身的配饰，如手绳、项链绳等，这样不会造成皮肤不适。

棉绳

棉绳质地较软，可用于制作简单的手绳、脚绳、小挂饰，适合制作需要表现垂感的饰品。

蜡绳

蜡绳的外表有一层蜡，有多种颜色，是欧美编结常用的线材。

皮绳

皮绳有圆皮绳、扁皮绳等。此类型的线材可以直接在两端添加金属链扣来使用，也可以做出其他的效果。

五彩线

五彩线由绿、红、黄、白、黑五种颜色的线织造而成，规格有粗有细，有夹金和不夹金两种。民间传说，五彩线可开运保平安，还能结人缘、姻缘。五彩线多用来编成项链绳、手绳、手机绳、手包挂绳。

6、7号线

具有中国风，常用于制作手绳等具有中国风格的饰品。接合时，可用粘胶进行固定，也可以用打火机进行熔接。

A 玉线　　B 玉线

珠宝线

珠宝线有71号、72号等规格。这种线的质感特别软滑，因为特别细的缘故，多用于编手绳、项链绳及珠宝穿绳，是黄金珠宝店常用的线材之一。

玉线

玉线多用于穿编小型挂饰，如手绳、脚绳、手机绳、项链绳、戒指、花卉、手包挂绳。

常用工具

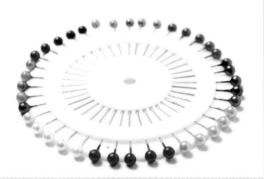

大头针

大头针常插在垫板上，结合垫板一起使用，用于编较复杂的绳结，如盘长结、团锦结。

垫板

打火机

在接线及作品收尾时，多用打火机来完成熔接，在操作时需注意掌握火焰大小及熔接的时间。

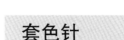

套色针

比缝纫针粗、长，多用在盘长结、团锦结等结饰上面镶色作装饰。

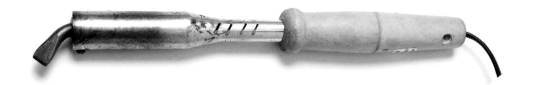

电烙铁

　　是制作编绳线圈的辅助工具。应用时，只需将电烙铁插上电源，然后用电烙铁前端的扁头部分将线的两头略烫几秒，待线头稍熔，马上按压，即可对接成线圈。

钩针

　　在编盘长结、团锦结等比较复杂的结的时候，钩子可以灵活地在线与线之间完成挑线、钩线的动作。

剪刀

　　宜选用刀口锋利的剪刀，剪起来会非常顺手。

双面胶

　　双面胶一般应用于绕股线。在编手绳、项链绳等小饰品时，常常在线的外面绕上一段较长的股线作装饰，在绕股线之前，只需在线的外面粘上一圈双面胶，然后利用双面胶的粘力，就可以绕出所需要的股线长度了。

常用配件

交趾陶

景泰蓝

琉 璃

玛 瑙

木 珠

水 晶

陶 瓷

菠萝扣

玉 石

基础结法

Bian Sheng

穿珠

双线穿珠

1 准备两条线。

2 用打火机将蓝色线的一端略烧几秒，待线头烧熔时，将这条线贴在橘色线的外面，并迅速用指头将烧熔处稍稍按压，使两条线熔接在一起。

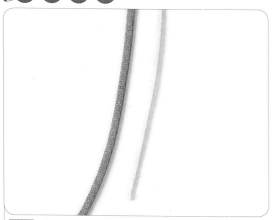

3 先用橘色线穿过珠子，然后蓝色线也顺利穿过珠子。

多线穿珠

制作过程

1 将其中的 1 条线穿过 1 颗珠子。

2 然后将第二条线穿过珠子。

3 将第三条线夹在之前穿过的两条线中间，然后稍一拖动，第三条线就拖入珠子的孔中了。

4 用同样的方法使其余的线穿过珠子。

5 将所有的线合在一起编 1 个单结。

6 线尾保留所需的长度，然后将多余的线剪掉即可。

绕线

较短股线

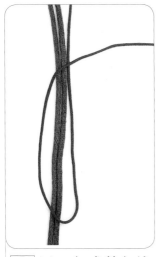

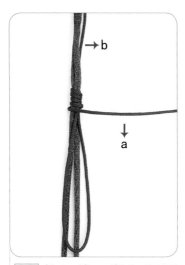

1 以1条或数条线为中心线，取1条细线对折，放在中心线的上方。

2 将细线a段如图围绕中心线朝一个方向绕圈。

3 将细线a段如图穿过对折端留出的小圈。

4 轻轻拉动细线b段，将细线a段拖入圈中固定。

5 剪掉细线两端多余的线头，用打火机将线头略烧熔后按压即可。

较长股线

制作过程

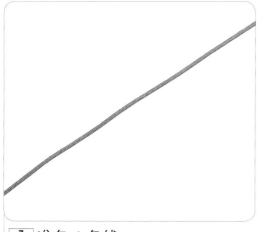

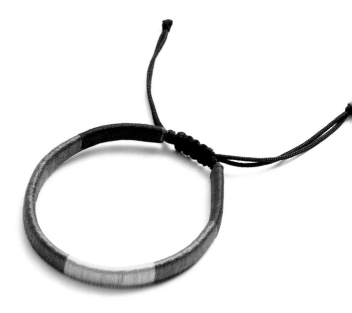

1 准备 1 条线。

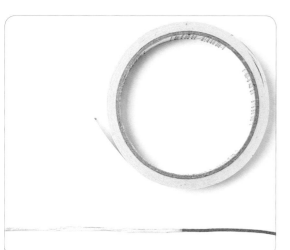

2 剪取 1 段适当长度的双面胶，将双面胶包在这条线的外面。

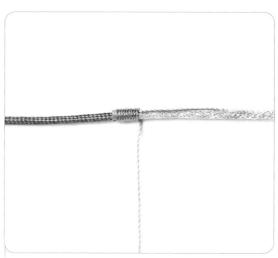

3 另外取 1 段股线，粘在双面胶的外面，以线为中心线朝一个方向绕圈。

4 绕至所需的长度即可。

单结

制作过程

1 准备 1 条线。

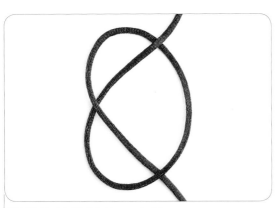

2 将线绕转编 1 个结。

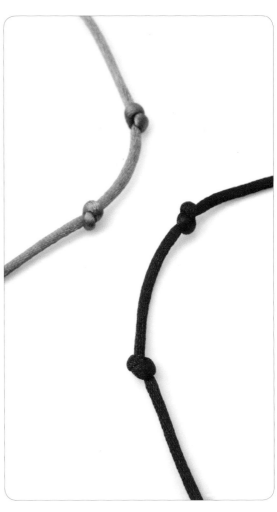

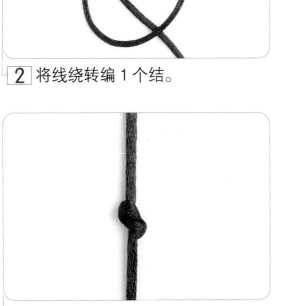

3 拉紧线的两端。

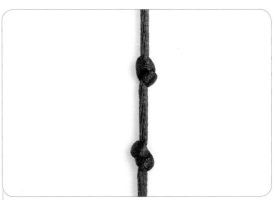

4 重复步骤 2~3，即可编出连续的单结。

线圈结

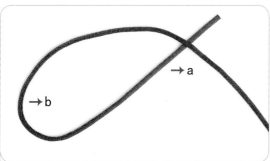

1 准备1条线，以a段为轴，将b段绕成圈状。

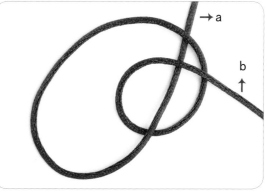

2 将b段从a段的下面拉上来，绕1个圈。

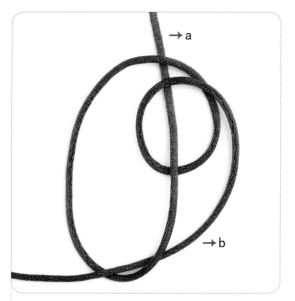

3 将b段再次从a段的下面穿出来。

4 拉紧两端，完成1个线圈结。

秘鲁结

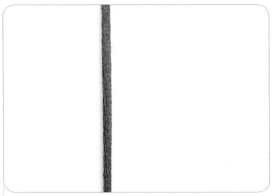

1 准备 1 条线。

2 将线如图绕棍状物一圈。

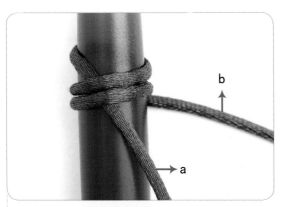

3 将 a 段贴在棍状物上作轴，用 b 段绕轴一圈或数圈。

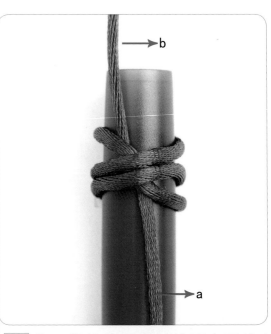

4 将 b 段从前面做好的两个圈的中间以及 a 段下面穿过，拉紧即可。

两股辫

制作过程

1 准备 1 条线。

2 取这条线的中心点，用手捏住中心线两端的线，朝一个方向拧。

3 线如图自然形成 1 个圈。

5 线如图自然形成一段漂亮的两股辫。

4 继续将两条线朝同一个方向拧。

6 将两股辫拧至合适的长度，用尾线在两股辫的下端编 1 个单结，以防止两股辫松散即可。

三股辫

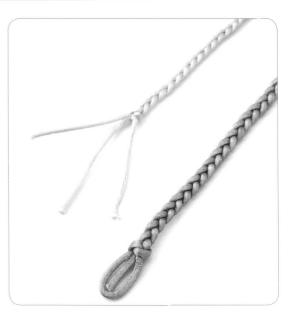

1 准备 3 条线，用其中的 1 条线包住其余的两条线编 1 个单结，以固定 3 条线。

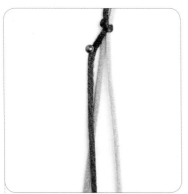

2 如图，将最左侧的线引入右边两条线之间，并用大头针定位。

3 如图，将最右侧的线引入左边两条线之间。

4 重复步骤 2 的做法。

5 拉紧 3 条线，重复步骤 3 的做法。

6 将三股辫编至合适的长度，用其中的 1 条线包住其余两条线编 1 个单结，以防止三股辫松散即可。

四股辫

制作过程

1 准备 4 条线。

2 用其中的 1 条线包住其余的 3 条线编 1 个单结，以固定 4 条线。

3 如图，用红色线以左线下、右线上的方式交叉。

4 另外两条线在第一个交叉下面以左线上、右线下的方式交叉。

5 重复步骤 3、4 的做法，边编边把线收紧。

6 编至合适的长度，用 1 条线包住其余 3 条线编 1 个单结，以防止四股辫松散即可。

八股辫

1 准备 8 条线，平均分为两组，用其中的 1 条线如图编 1 个单结。

2 用最左侧的线如图从后往前压着右边的两条线。

3 用最右侧的线如图从后往前压着左边的两条线，与原最左侧线在中间做一个交叉。

4 重复步骤 2 的做法。

5 重复步骤 3 的做法。

6 拉紧线，重复步骤 2 的做法。

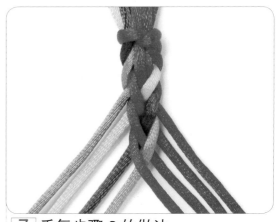

7 重复步骤 3 的做法。

8 重复编结，一边编结一边拉紧线。

9 编八股辫至合适的长度，用 1 条线包着其余的线编 1 个单结，以防止八股辫松散即可。

锁结

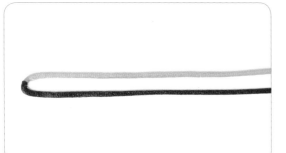

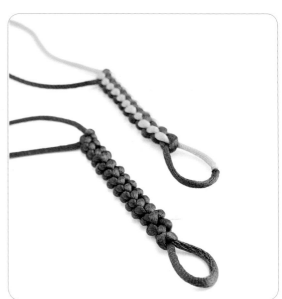

1 将红色线和黄色线的一头用打火机略烧后熔接起来。

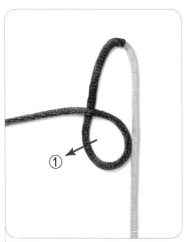

2 用红色线绕出圈①。

3 黄色线绕出圈②，进到前面做好的圈①中。

4 拉紧红色线，然后用红色线做圈③，进到圈②中。

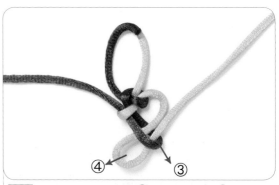

5 拉紧黄色线。

6 用黄色线做圈④，进到圈③中。

7 拉紧红色线。

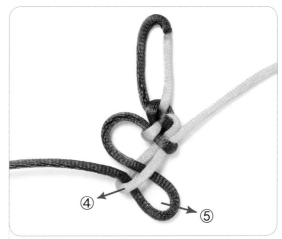

8 用红色线做圈⑤，进到圈④中。

9 拉紧黄色线。

10 重复编结，编至合适的长度。

11 将黄色线穿入最后 1 个圈中。

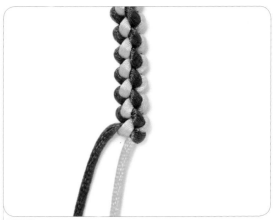

12 拉紧红色线即可。

双联结

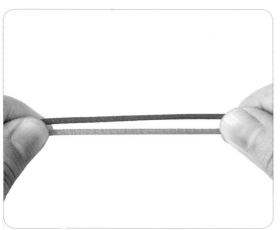

1 如图，将1条红色线和1条橘色线平行摆放。

2 用橘色线如图绕1个圈。

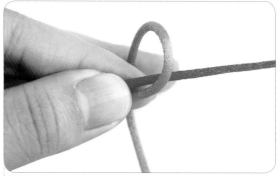

3 将步骤2中做好的圈如图夹在左手的食指和中指之间固定。

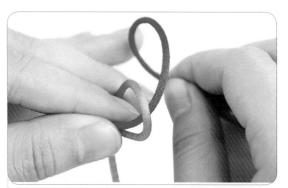

4 用红色线如图绕1个圈。

5 将步骤4中做好的圈如图夹在左手的中指和无名指之间固定。

6 用右手捏住橘色线和红色线的线尾。

7 将线尾如图穿入前面做好的两个圈中。（注意：两条线可以同时穿入各自所形成的圈中，也可以先把红色线穿入红色的圈中，再把橘色线穿入橘色的圈中。）

8 如图，拉紧两条线的两端。

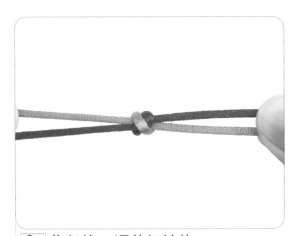

9 收紧线，调整好结体。

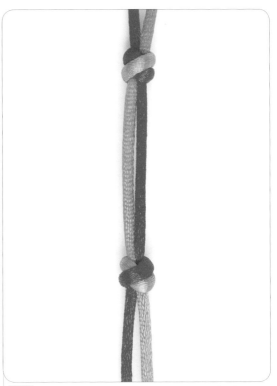

10 用同样的方法可编出连续的双联结。

23

双翼双联结

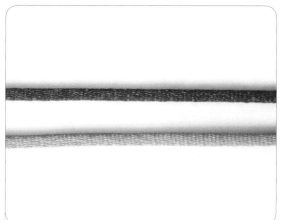

1 准备两条线。

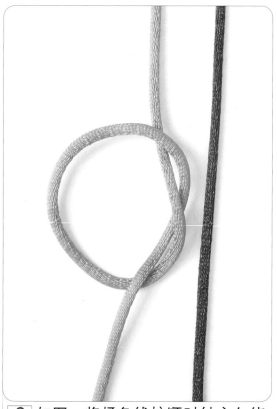

2 如图，将橘色线按顺时针方向绕1个圈。

3 如图，将红色线穿入橘色线形成的圈中。

4 如图，将红色线按逆时针方向也绕 1 个圈。

5 拉紧两条线的两端，调整好结体，由此完成 1 个双翼双联结。此为双翼双联结的一面。

6 此为双翼双联结的另一面。

7 按照步骤 2~4 的做法，再完成 1 个双翼双联结。

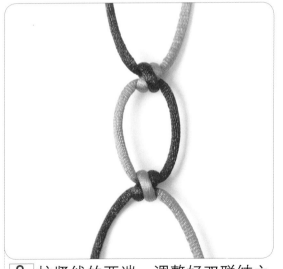

8 拉紧线的两端，调整好双联结之间的长度。

9 重复前面的做法即可编出连续的双翼双联结。

蛇结

制作过程

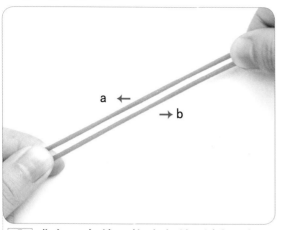

1 准备1条线，将这条线对折，分a、b两段线，用左手捏住对折的一端。

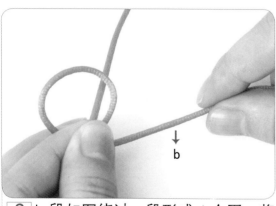

2 b段如图绕过a段形成1个圈，将这个圈夹在左手食指与中指之间。

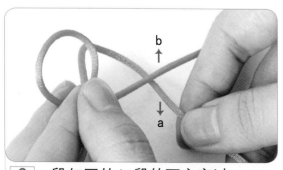

3 a段如图从b段的下方穿过。

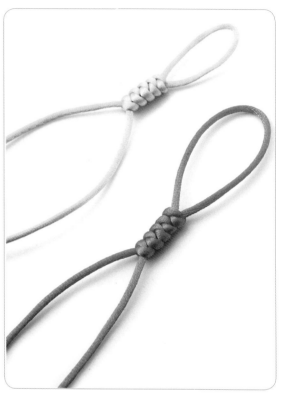

4 a段如图穿过步骤2中形成的圈。

5 a段同样形成了1个圈。

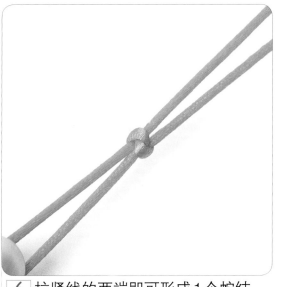

6 拉紧线的两端即可形成1个蛇结。

7 重复步骤2~5的做法。

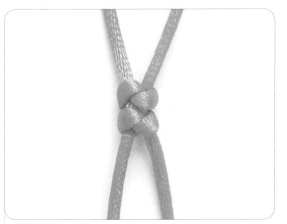

8 拉紧两条线,由此再形成1个蛇结。

9 重复上面的做法,即可编出连续的蛇结。

金刚结

制作过程

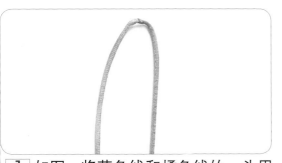

1 如图，将蓝色线和橘色线的一头用打火机略烧后熔接起来。

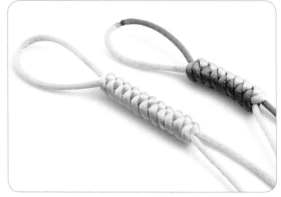

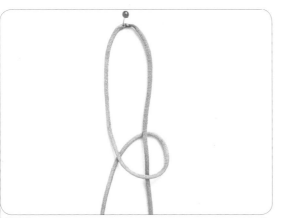

2 将线从交接处对折后用大头针定位，用蓝色线如图绕1个圈。

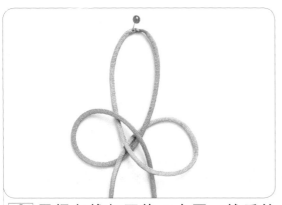

3 用橘色线如图绕1个圈，然后从蓝色线形成的圈中穿出来。

4 将蓝色的圈和橘色的圈收小。

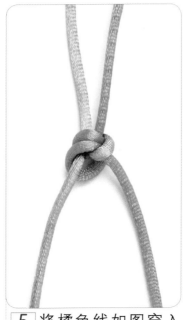

5 将橘色线如图穿入蓝色的圈中。

6 将蓝色线如图穿入橘色的圈中。

7 将前面形成的结体翻转过来，再将橘色线如图穿入蓝色的圈中。

8 再将蓝色线如图穿入橘色的圈中。

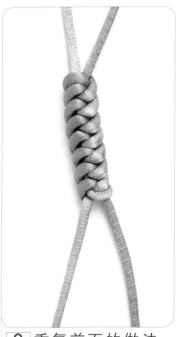

9 重复前面的做法，编至合适的长度即可。

注意：金刚结与蛇结的外形有相似之处，其区别在于，金刚结更厚、更紧密、更牢固，并且其两头出现双连线，中间部分则与蛇结较一致。

凤尾结

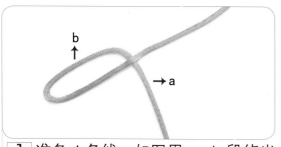

1 准备1条线，如图用a、b段绕出1个圈。

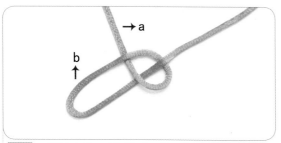

2 a段以压、挑的方式，向左穿过线圈。

3 a段如图做压、挑，向右穿过线圈。

4 重复步骤2的做法。

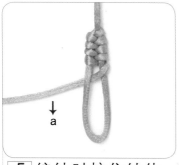

5 编结时按住结体，拉紧a段。

6 重复前面的方法继续编结。

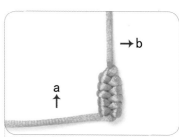

7 最后向上收紧b段，把多余的a段剪掉，用打火机略烧后按平即可。

双线纽扣结

1 准备 1 条线。

2 如图，用这条线在左手食指上面绕 1 个圈。

3 如图，用这条线在左手大拇指上面也绕 1 个圈。

4 取出大拇指上面的圈。

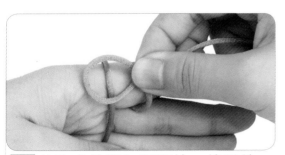

5 将取出的圈如图翻转，然后盖在左手食指的线的上方。

6 用左手的大拇指压住取下的圈。

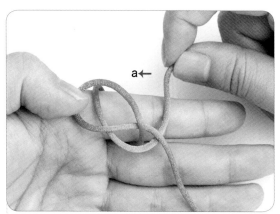

7 用右手将 a 段拉向上方。

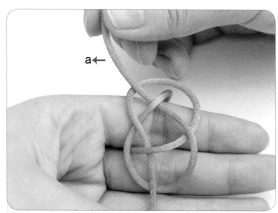

8 a 段如图挑、压，从圈中间的线的下方穿过。

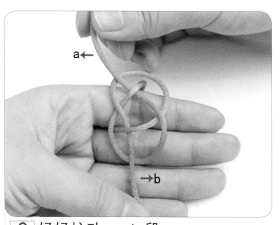

9 轻轻拉动 a、b 段。

10 将结体稍微缩小，由此形成 1 个立体的双线结。

11 从食指上取出步骤 10 中做好的双线结，结形呈现出"小花篮"的形状。

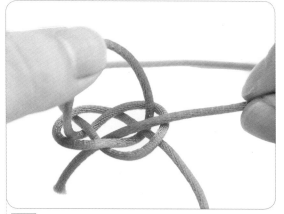

12 将其中的一段线如图按顺时针的方向绕过"小花篮"右侧的"提手"，然后朝下穿过"小花篮"的中心。

13 将另外的一段线如图按顺时针的方向绕过"小花篮"左侧的"提手"，然后朝下穿过"小花篮"的中心。

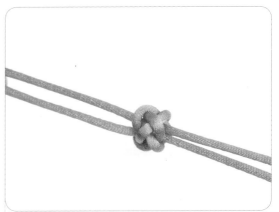

14 拉紧两端的线，根据线的走向将结体调整好。

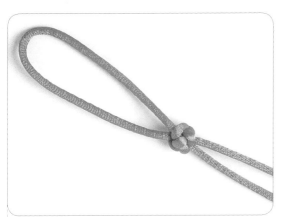

15 这样就做好了1个双线纽扣结。

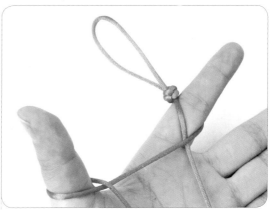

16 依照步骤2~3的做法，开始编下1个双线纽扣结。

17 依照前面的做法，编好第二个双线纽扣结。

18 重复以上的做法，即可编出连续的双线纽扣结。

单线纽扣结

1 准备 1 条线。

2 用这条线按逆时针方向绕 1 个圈。

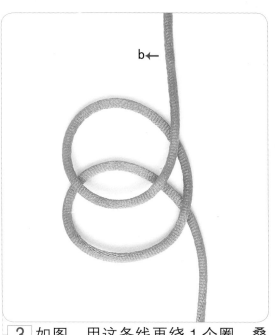

3 如图，用这条线再绕 1 个圈，叠放在步骤 2 中形成的圈的上面。（注意：步骤 2 和步骤 3 中的两个小圈如图叠放，由此形成了单线纽扣结中心的小圈。）

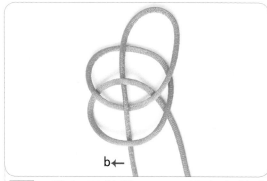

4 b 段如图做挑、压，从中心的小圈中穿出来。

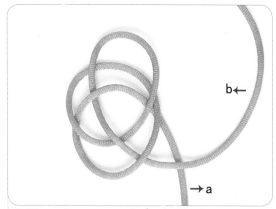

5 b 段如图压住 a 段的线，然后拉向右方。

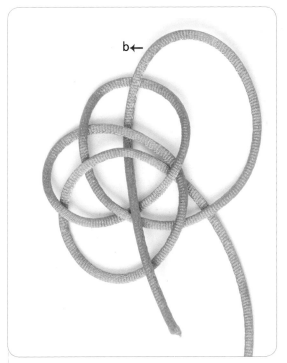

6 b 段如图挑、压，穿过中心的小圈。

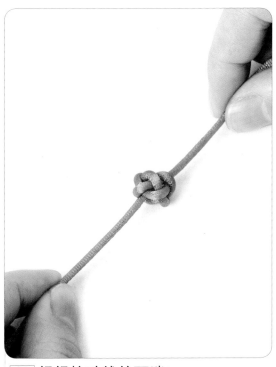

7 轻轻拉动线的两端。

8 按照线的走向将结体调整好。

9-1

9-2

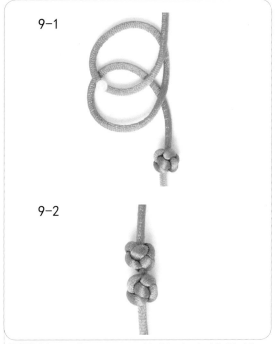

9 按照步骤 2~8 的做法连续编结。完成单线纽扣结接下来的步骤，即可编出连续的单线纽扣结。

圆形玉米结

1 用打火机将红色线和蓝色线的一头略烧后熔接成1条线，另取1条橘色线，如图呈十字交叉叠放。

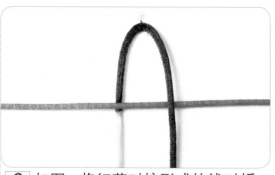

2 如图，将红蓝对接形成的线对折，用大头针定位，并将橘色线放在红色线的上面。

3 将橘色线放在蓝色线的上面，用大头针定位。

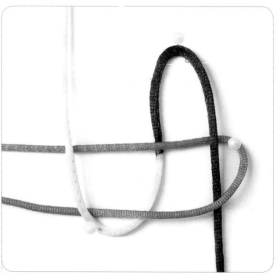

4 将蓝色线放在两段橘色线的上面，用大头针定位。

5 将橘色线如图压、挑，穿过红色线形成的圈。

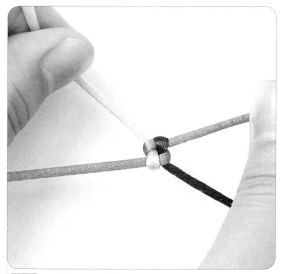

6 取出大头针，均匀用力拉紧四个方向的线。

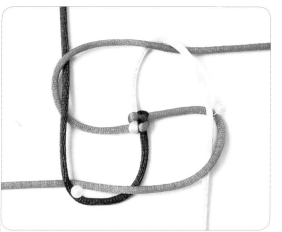

7 如图，将四个方向的线按顺时针的方向挑、压。

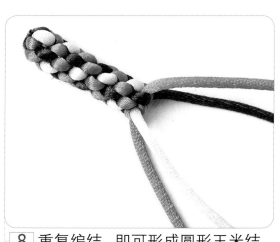

8 重复编结，即可形成圆形玉米结。

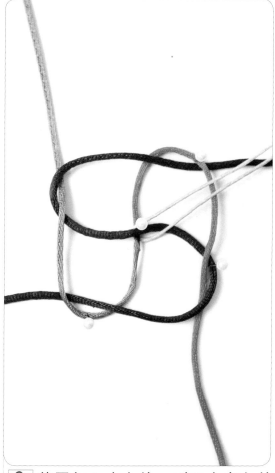

9 若需加入中心线，则四个方向的线绕着中心线用同样的方法编结即可。

方形玉米结

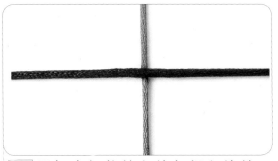

1 用打火机将棕色线与橘色线的一头略烧后熔接成1条线，另取1条红色线，如图呈十字交叉叠放。

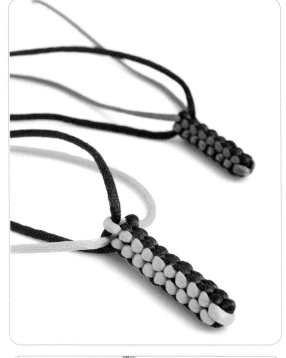

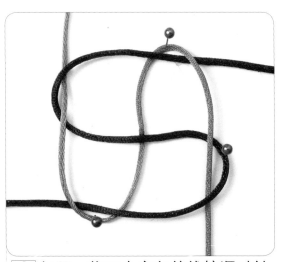

2 如图，将四个方向的线按顺时针方向挑、压。

3 均匀用力拉紧四个方向的线。

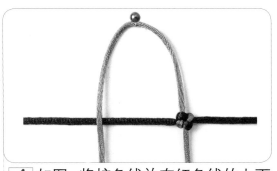

4 如图，将棕色线放在红色线的上面。

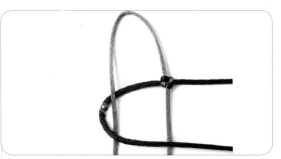

5 如图，将红色线放在橘色线的上面。

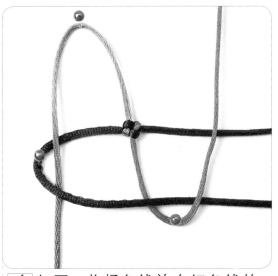

6 如图，将橘色线放在红色线的上面。

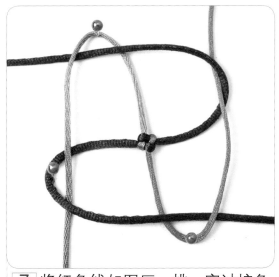

7 将红色线如图压、挑，穿过棕色线形成的圈。

8 均匀用力拉紧四个方向的线。

9 重复步骤 2~8 的做法，即可形成方形玉米结。

同心结

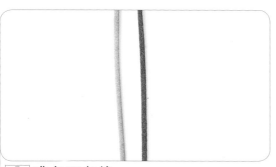

1 准备两条线。

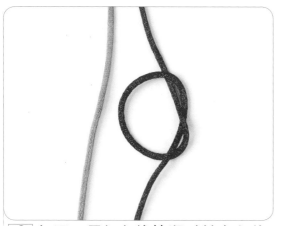

2 如图，用红色线按顺时针方向绕1个圈。

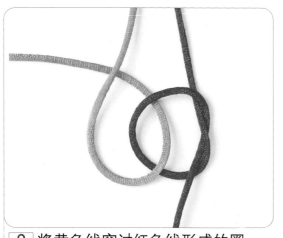

3 将黄色线穿过红色线形成的圈。

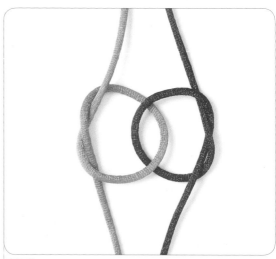

4 如图，用黄色线按逆时针方向绕1个圈。

5 拉紧两端的线，完成 1 个同心结。

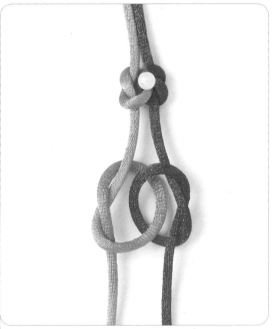

6 依照步骤 2~4 的做法绕圈。

7 拉紧线，再完成 1 个同心结。

8 重复前面的做法，即可编出连续的同心结。

万字结

制作过程

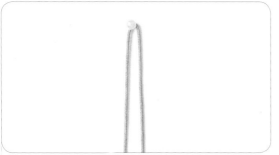

1 准备1条线并对折,用大头针定位。

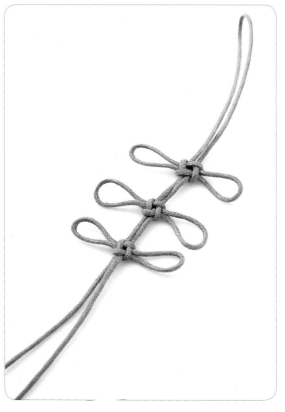

2 右边的线按顺时针方向绕1个圈。

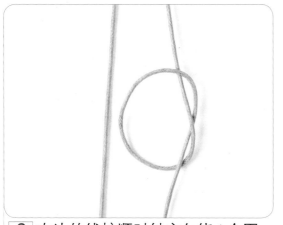

3 左边的线如图穿过右边形成的圈。

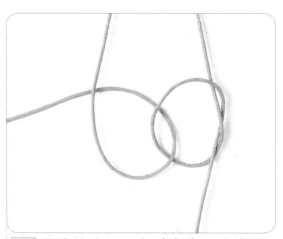

4 左边的线按逆时针方向绕1个圈。

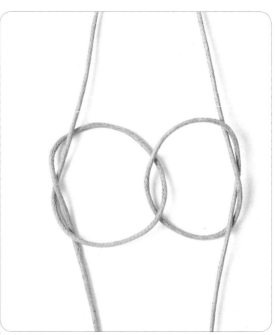

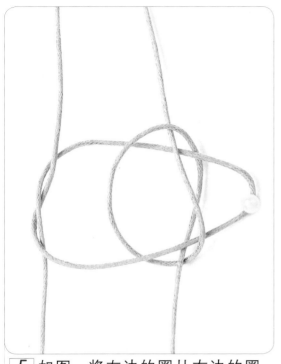

5 如图，将左边的圈从右边的圈中拉出来。

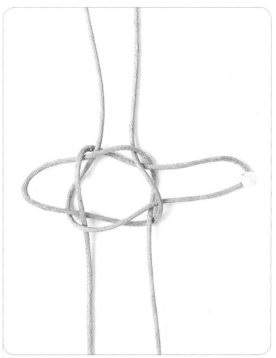

6 如图，再将右边的圈从左边的圈中拉出来。

7 拉紧左右的两个耳翼。由此完成1个万字结。

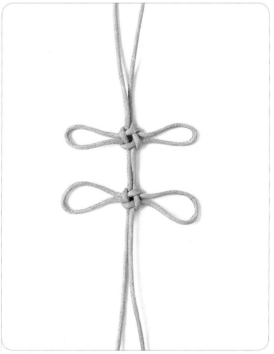

8 重复步骤2~7的做法，即可编出连续的万字结。

左右结

 **制作过程**

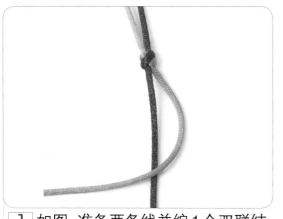

1 如图，准备两条线并编1个双联结，再将橘色线放在红色线的上面。

2 如图，将橘色线绕着红色线做1个圈。

3 拉紧橘色线。

4 将红色线放在橘色线的上面。

5 如图，将红色线绕着橘色线做 1 个圈。

6 拉紧红色线。

7 重复编结，即可形成连续的左右结。

单向平结

单向平结（左上）

制作过程

1 准备 4 条线，以两条红色线为中心线，置于其他两条线中间。

2 如图，将左侧的线放在中心线的上面、右侧的线的下面。

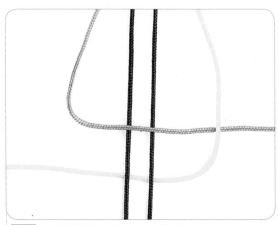

3 右侧的线从中心线的下面穿过，拉向左侧。

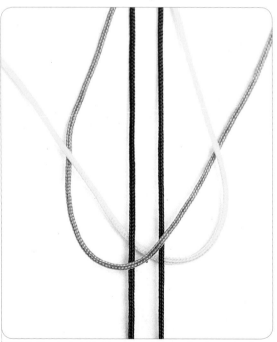

4 将右侧的线从左侧形成的圈中穿出。

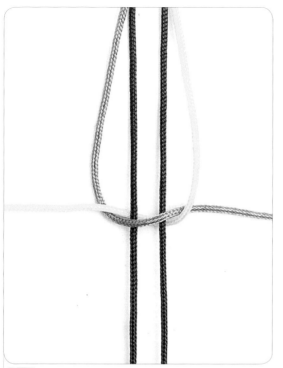

5 拉紧左右两侧的线。

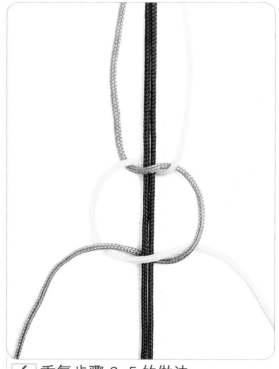

6 重复步骤 2~5 的做法。

7 重复步骤 2~6 的做法，即可形成
连续的左上单向平结。

单向平结（右上）

制作过程

1 准备 4 条线，以两条红色线为中心线，置于其他两条线中间。

2 如图，将右侧的线放在中心线的上面、左侧的线的下面。

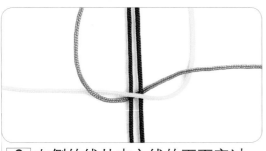

3 左侧的线从中心线的下面穿过，从右侧形成的圈中穿出。

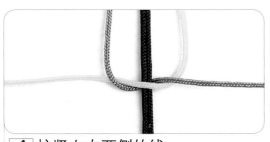

4 拉紧左右两侧的线。

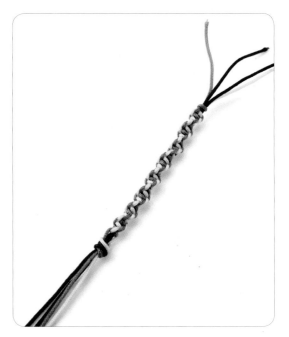

5 重复步骤 2~4 的做法。

6 重复步骤 2~5 的做法，即可形成右上的单向平结。

双绳扭编

双绳扭编（左上）

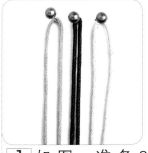

1 如图，准备3条线，以对折的黑色线为中心线，蓝色线和米色线为编绳。

2 将蓝色线放在中心线的下面，如图编1个单结。

3 均匀用力拉紧单结。

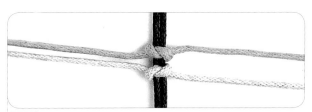

5 均匀用力拉紧单结。

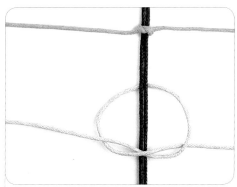

4 加入米色线，用同样的方法编1个单结。

6 如图，将米色线拉向上方，将蓝色线的左侧线放在米色线的上面，蓝色线的右侧线放在米色线的下面。

7 如图，将蓝色线的左侧线放在中心线的上面，右侧线的下面。

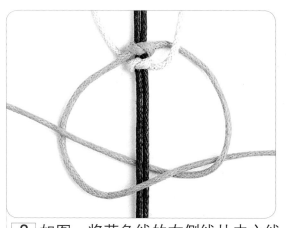

8 如图，将蓝色线的右侧线从中心线的下面穿过，从左边形成的圈中穿出。

9 拉紧蓝色线。

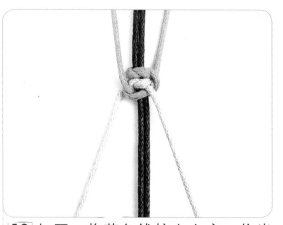

10 如图，将蓝色线拉上上方，将米色线的左侧线放在蓝色线的下面，米色线的右侧线放在蓝色线的上面。

11 如图，将米色线的左侧线放在中心线的上面，右侧线的下面。

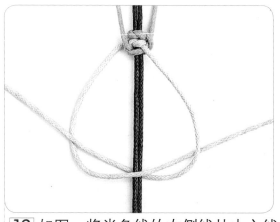

12 如图，将米色线的右侧线从中心线的下面穿过，从左边形成的圈中穿出。

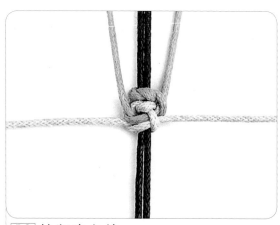

13 拉紧米色线。

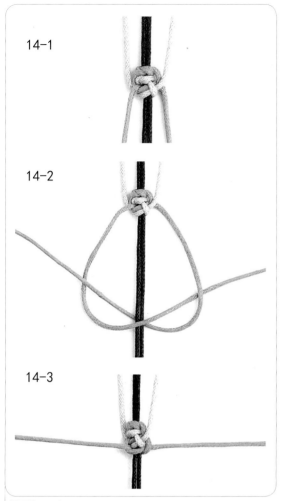

14-1

14-2

14-3

|14| 重复步骤 6~9 的做法，用蓝色线编结。

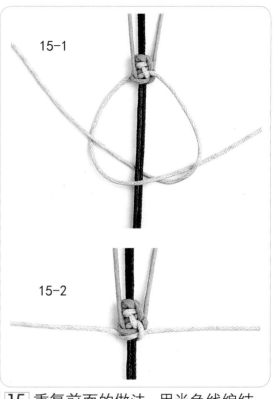

15-1

15-2

|15| 重复前面的做法，用米色线编结。

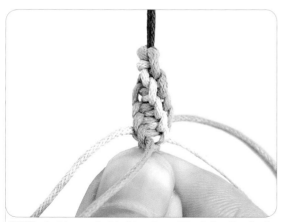

|16| 连续几次编结后，用手捏住中心线，轻轻推动结体，使结之间的间隙更均匀。

|17| 重复编结，编至所需的长度即可。

双绳扭编（右上）

制作过程

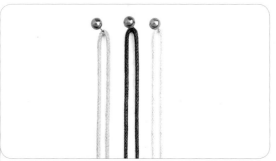

1 如图，准备3条线，以对折的黑色线为中心线，蓝色线和米色线为编绳。

2 将蓝色线放在中心线的下面，如图编1个单结。

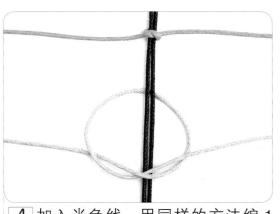

4 加入米色线，用同样的方法编1个单结。

3 均匀用力拉紧单结。

5 均匀用力拉紧单结。

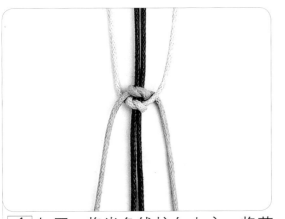

6 如图，将米色线拉向上方，将蓝色线的左侧线放在米色线的上面，蓝色线的右侧线放在米色线的下面。

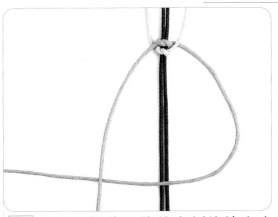

7 如图，将蓝色线的右侧线放在中心线的上面，左侧线的下面。

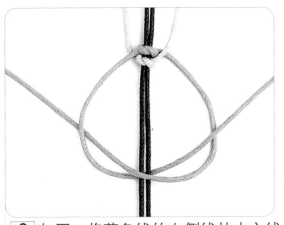

8 如图，将蓝色线的左侧线从中心线的下面穿过，从右侧形成的圈中穿出。

9 拉紧蓝色线。

10 如图，将蓝色线拉向上方，将米色线的左侧线放在蓝色线的下面，米色线的右侧线放在蓝色线的上面。

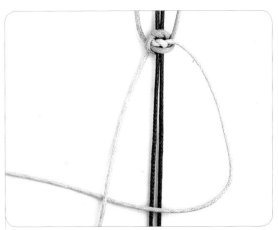

11 如图，将米色线的右侧线放在中心线的上面，左侧线的下面。

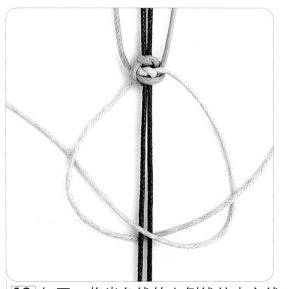

12 如图，将米色线的左侧线从中心线的下面穿过，从右侧形成的圈中穿出。

13 拉紧米色线。

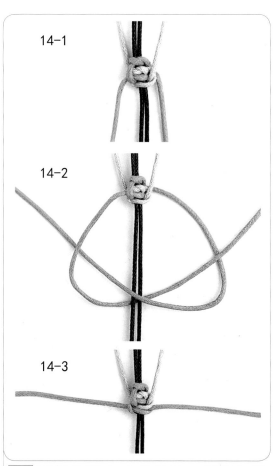

14-1

14-2

14-3

14 重复步骤 6~9 的做法，用蓝色线编结。

15 重复编结，编至所需的长度即可。

十字形扭编

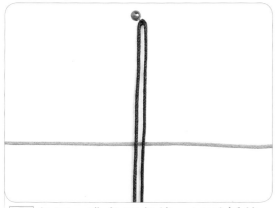

1 如图，准备两条线，以对折的黑色线为中心线，将蓝色线放在中心线的下面。

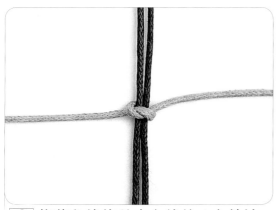

2 将蓝色线绕着中心线编1个单结。

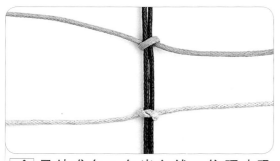

4 另外准备1条米色线，依照步骤2的方法编1个单结。

3 如图，调整单结的结扣，使之朝向内侧。

5 同样使单结的结扣朝向内侧。

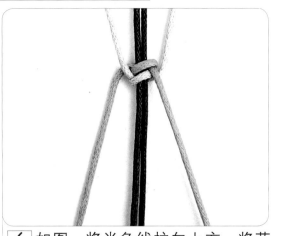

6 如图，将米色线拉向上方，将蓝色线的左侧线放在米色线的下面，右侧线放在米色线的上面。

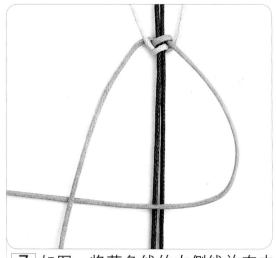

7 如图，将蓝色线的右侧线放在中心线的上面，左侧线的下面。

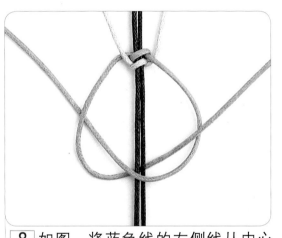

8 如图，将蓝色线的左侧线从中心线下面穿过，从右侧形成的圈中穿出。

9 拉紧蓝色线。

10 如图，将蓝色线拉向上方，将米色线的左侧线放在蓝色线的上面，右侧线放在蓝色线的下面。

11 如图，将米色线的左侧线放在中心线的上面，右侧线的下面。

12 如图，将米色线的右侧线从中心线的下面穿过，从左侧形成的圈中穿出。

13 拉紧米色线。

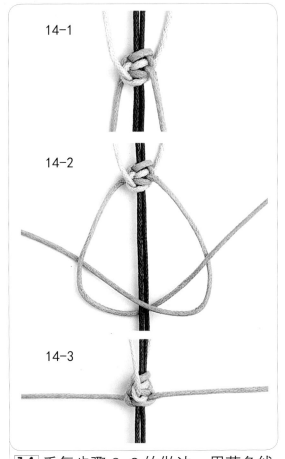

14-1

14-2

14-3

14 重复步骤 6~9 的做法，用蓝色线编结。

15 重复步骤 10~14 的做法，结体自然呈现十字形。

双向平结

双向平结（左上）

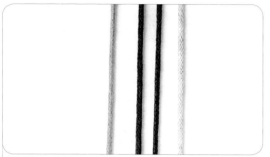

1 准备4条线，如图摆放，以中间的两条线为中心线。

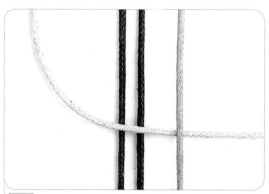

2 如图，将左侧的线放在中心线的上面、右侧的线的下面。

3 右侧的线从中心线的下面穿过，从左侧形成的圈中穿出。

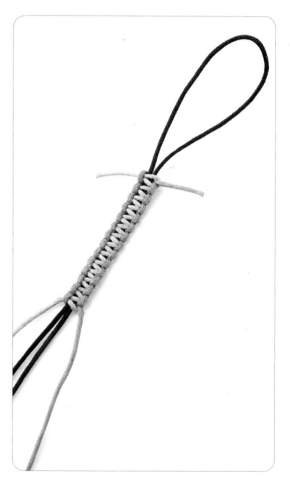

4 拉紧左右两侧的线。

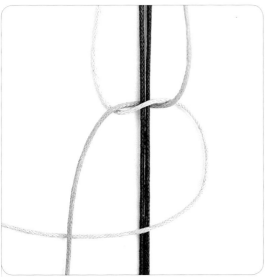

5 将右侧的线放在中心线的上面、左侧的线的下面。

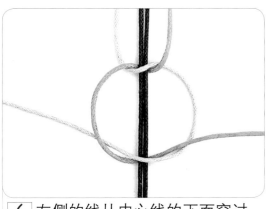

6 左侧的线从中心线的下面穿过，从右侧形成的圈中穿出。

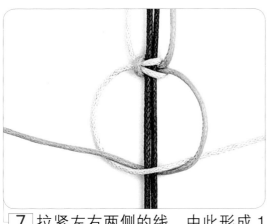

7 拉紧左右两侧的线，由此形成 1 个左上双向平结。然后依照步骤 2~3 的方法编结。

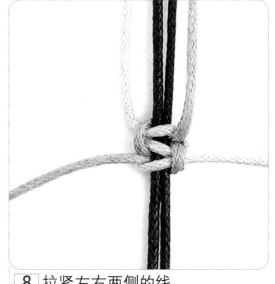

8 拉紧左右两侧的线。

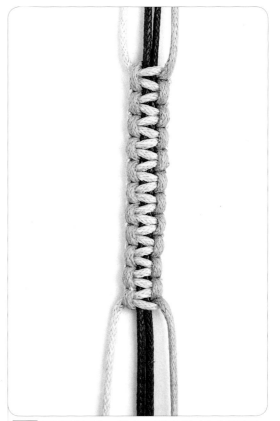

9 重复编结，编至所需的长度即可。（注意：编结几次后，用手捏住中心线，往上轻轻推紧，使平结紧密。）

59

双向平结（右上）

制作过程

1 准备4条线，并如图摆放，以中间的两条线为中心线。

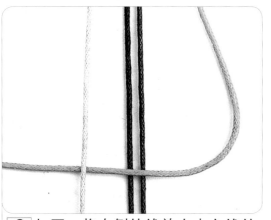

2 如图，将右侧的线放在中心线的上面、左侧的线的下面。

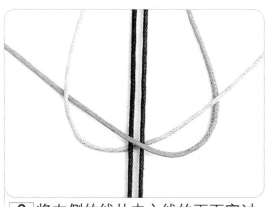

3 将左侧的线从中心线的下面穿过，从右侧形成的圈中穿出。

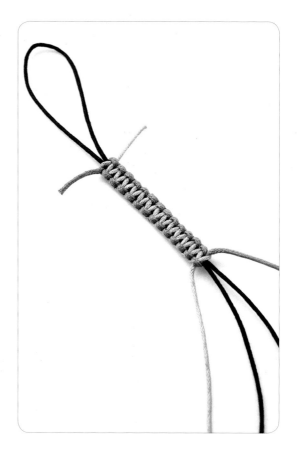

4 拉紧左右两侧的线。

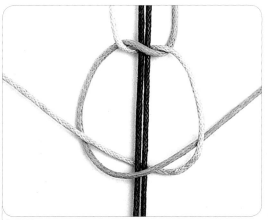

5 左侧的线在中心线的上面编结，右侧的线在中心线的下面编结。

6 拉紧左右两侧的线。完成1个右上双向平结，然后依照步骤2~3的方法继续编结。（注意：右上双向平结的走线方法是：先走右侧的线，再走左侧的线。）

7 拉紧左右两侧的线。

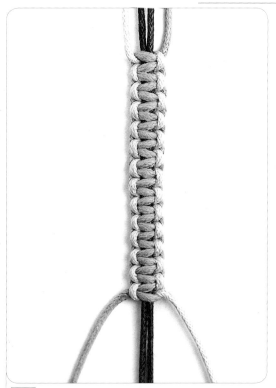

8 重复编结，编至所需的长度即可。

并列平结（6线）

制作过程

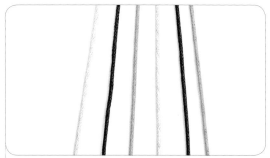

1 准备 6 条线。

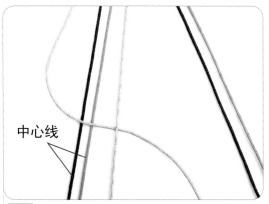

中心线

2 如图，将右侧的两条线拉向右方，以左侧的 4 条线为一组编左上双向平结。先将左侧的米色线放在中心线的上面、右侧的米色线的下面。

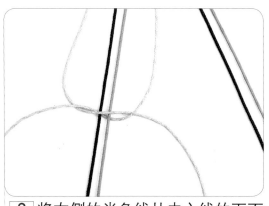

3 将右侧的米色线从中心线的下面穿过，从左侧形成的圈中穿出。

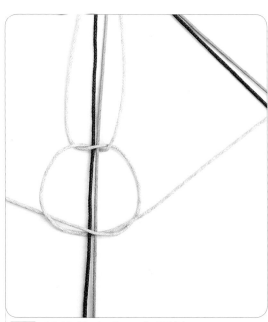

4 继续编左上双向平结。

5 拉紧左右两侧的米色线。由此完成 1 个左上双向平结。

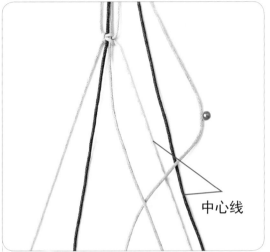

中心线

6 如图，将左侧的两条线拉向左方，以右侧的 4 条线为一组编右上双向平结。再将右侧的蓝色线放在中心线的上面、左侧的蓝色线的下面。

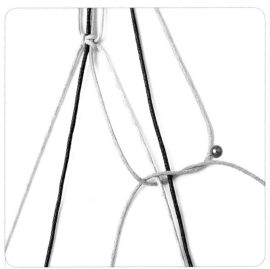

7 将左侧的蓝色线从中心线的下面穿过，从右侧形成的圈中穿出。

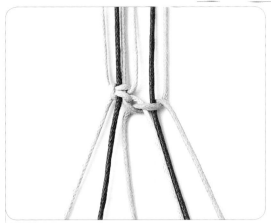

8 拉紧左右两侧的蓝色线。

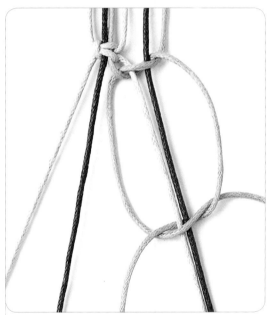

9 两条蓝色线如图编结。

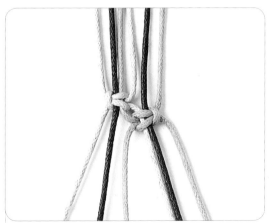

10 拉紧左右两侧的蓝色线，由此完成 1 个右上双向平结。

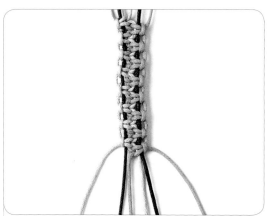

11 重复步骤 2~10 的做法，交替编左上双向平结和右上双向平结，即可形成 6 线的并列平结。

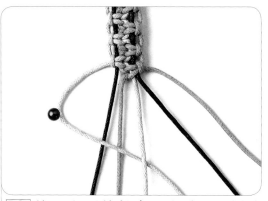

12 编至所需的长度。此时，左侧的位置较短，可继续编结半次，使左右长度一致。如图，将左侧的米色线放在中心线的上面、右侧的米色线的下面。

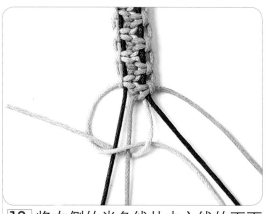

13 将右侧的米色线从中心线的下面穿过，从左侧形成的圈中穿出。

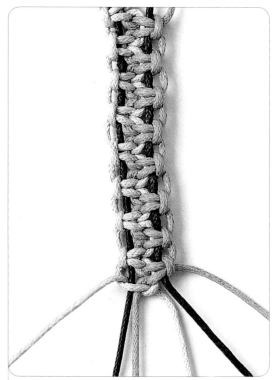

14 拉紧两侧的米色线即可。

并列平结（8线）

制作边程

1 如图，准备8条线，平均分为左右两组。

中心线

2 如图，先编左边的一组。以中间的两条线为中心线，将左侧的红色线放在中心线的上面、右侧的棕色线的下面。

3 两条线如图编结。

4 拉紧两条线。

5 红色线和棕色线如图编结。

6 拉紧两条线，由此完成1个左上双向平结。

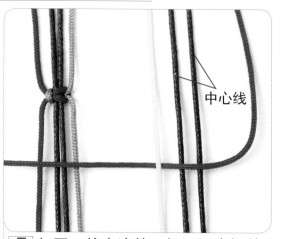

中心线

7 如图，编右边的一组。以中间的两条线为中心线，将右侧的红色线放在中心线的上面、左侧的黄色线的下面。

8 两条线如图编结。

9 拉紧两条线。

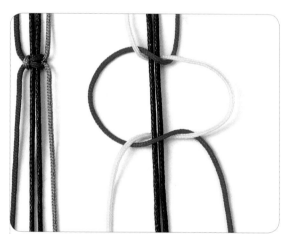

10 红色线和黄色线如图编结。

11 拉紧两条线，由此完成1个右上双向平结。

12 如图，编右边的一组。以中间的两条线为中心线，将右侧的红色线放在中心线的上面、左侧的黄色线的下面。

13 拉紧两条线，然后如图用这两条线编结。

14 拉紧两条线，由此完成1个左上双向平结。

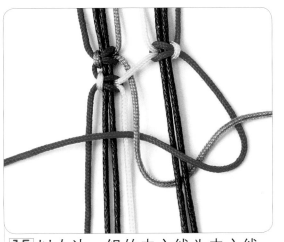

15 以右边一组的中心线为中心线，将棕色线和右侧的红色线如图编结。

16 拉紧两条线，然后如图用这两条线编结。

17 拉紧两条线，由此完成1个右上双向平结。

18 重复前面的编法，即可形成8线的并列平结。

67

七宝结

制作过程

1 准备 8 条线，如图平均分成左右两组。

2 如图，用左边的一组线编 1 次平结。

3 如图，用左边的一组线再编 1 次平结。

4 拉紧两条线，如图完成 1 个左上双向平结。

5 用右边的一组线编 1 个左上双向平结。

6 拉紧两条线。

7 如图，以中间的 4 条线为一组，编 1 次平结。

8 如图再编 1 次平结。

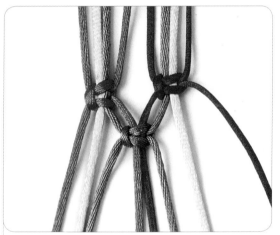

9 拉紧两条线，如图完成 1 个左上双向平结。

10 用左边的一组线再编 1 个左上双向平结。

11 用右边的一组线再编 1 个左上双向平结。

12 重复前面的做法，即可形成七宝结。

雀头结

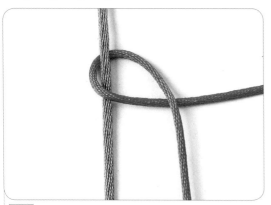

1 准备两条线，红色线以棕色线为中心线绕 1 个圈。

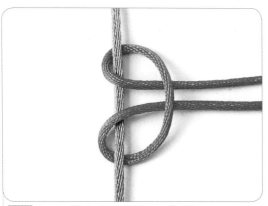

2 红色线如图再绕 1 个圈。

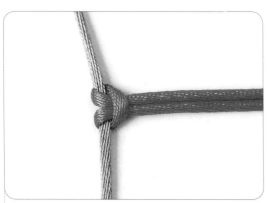

3 拉紧红色线，由此完成 1 个雀头结。

4 将红色线的一端拉向上方，另一端如图绕 1 个圈。

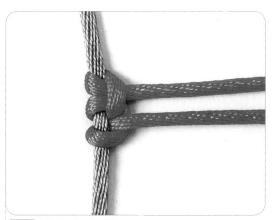

5 拉紧红色线。

6 红色线依照步骤 2 的做法，再绕 1 个圈。

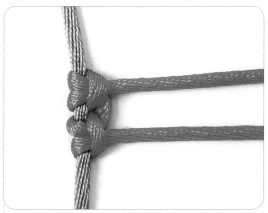

7 拉紧红色线，由此又完成 1 个雀头结。

8 重复步骤 4~7 的做法，即可形成连续的雀头结。

轮结

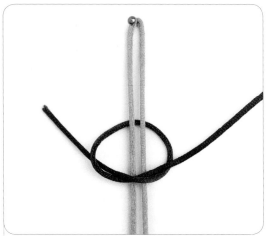

1 如图，将橘色线对折作为中心线并用大头针定位，将红色线绕着中心线编1个单结。（注意：红色线的左侧留出2~3cm的线头即可，右侧长度条据实际情况确定。）

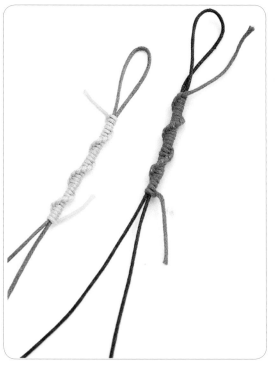

3 如图将红色线按顺时针方向绕着中心线及线头一圈，然后如图穿出。

2 拉紧单结。

4 向右拉紧红色线。

5 重复步骤 3 的做法。

7 重复编结，即可编出螺旋状的
轮结。

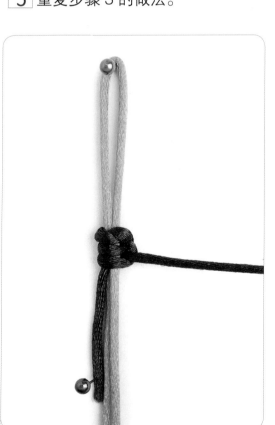

6 向右拉紧红色线。

吉祥结

制作过程

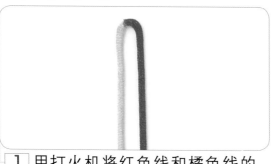

1 用打火机将红色线和橘色线的一头略烧后熔接成1条线,如图对折。

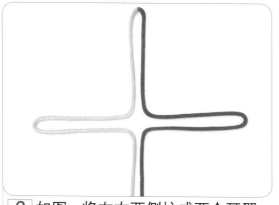

2 如图,将左右两侧拉成两个耳翼。

| 3-1 | 3-2 | 3-3 | 3-4 |

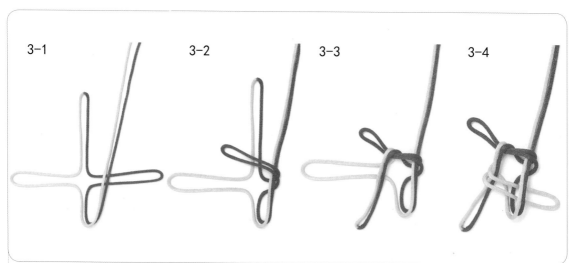

3 如图,取一耳压向相邻的耳。(注意:按逆时针方向相互挑压,从任意一耳开始皆可。)

4 拉紧结体。

5 调整好结体。

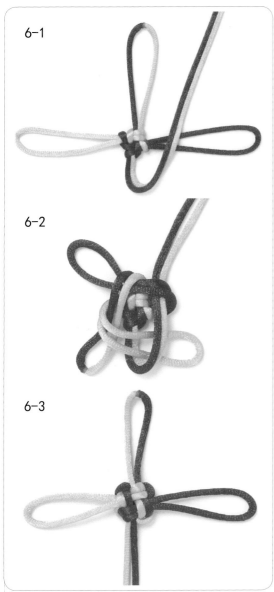

6-1

6-2

6-3

6 重复步骤 3~5 的做法。

7 如图拉出耳翼，调整结形。（注意：外耳不能太小，以免松脱。）

藻井结

1 用打火机将红色线和绿色线的一头略烧后熔接成1条线，如图对折。

2 用红色线和绿色线编1个松松的单圈结。

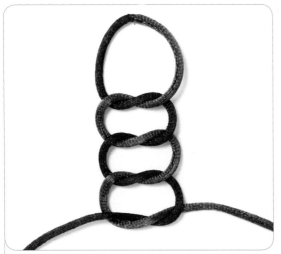

3 如图在单圈结下面再编3个单圈结。

4 绿色线如图向上穿。

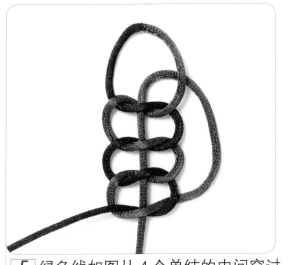

5 绿色线如图从 4 个单结的中间穿过。

6 红色线如图从 4 个单结的中间穿过。

7 如图，将最下面的左圈从前面向上翻，最下面的右圈从后面向上翻。

8 收紧上面的线，留出下面的两个圈。

9 按照步骤 7 的方法，将下面的圈向上翻。

10 收紧结体即可。

攀缘结

制作过程

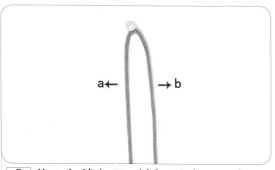

1 将1条线如图对折,形成a、b段,并用大头针定位。

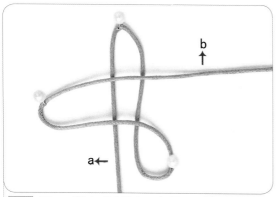

2 用b段如图绕两个圈,并用大头针定位。

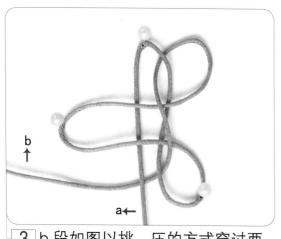

3 b段如图以挑、压的方式穿过两个圈,然后从a段的下面穿过。

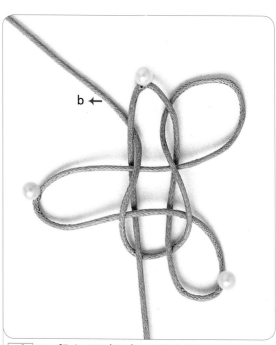

4 b段如图穿过上面的圈。

5 取出大头针，拉紧两端的线，调整好 3 个耳翼的大小，由此完成 1 个攀缘结。

6 将攀缘结右侧的线如图对折。

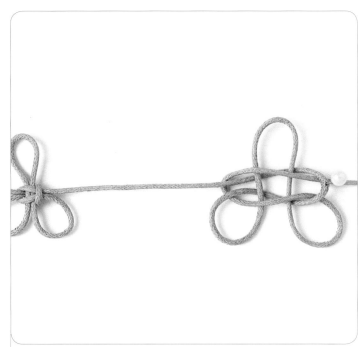

7 依照步骤 2~5 的做法，再编 1 个攀缘结。

8 重复前面的做法，即可编出连续的攀缘结。

双线双钱结

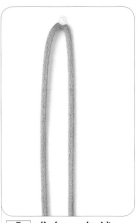

1 准备 1 条线，如图对折。

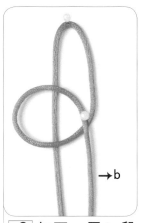

2 如图，用 b 段按顺时针方向绕 1 个圈。

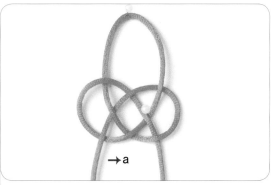

3 a 段如图挑、压，按逆时针方向绕 1 个圈。

4 拉紧两段线，如图完成 1 个双线双钱结。

5 用两段线依照步骤 2~4 的做法再编 1 个双线双钱结。

6 重复前面的做法，即可编出连续的双线双钱结。

单线双钱结

制作过程

1 准备1条线，如图对折，并用大头针固定。

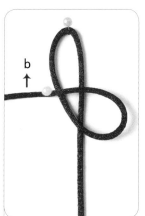

2 b段如图按逆时针方向绕1个圈，用大头针固定。

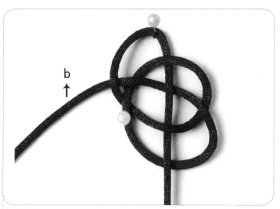

3 b段如图挑、压。

4 将结体调整好。

5 用线继续编1个单线双钱结。

6 重复前面的做法，即可编出连续的单线双钱结。

左斜卷结

单左斜卷结

制作过程

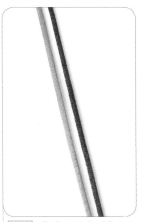

1 准备两条线。

2 以红色线为中心线，橘色线如图在中心线的上面绕1个圈。

3 拉紧两条线。

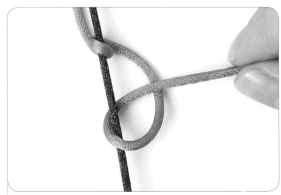

4 橘色线如图在中心线的上面再绕1个圈。

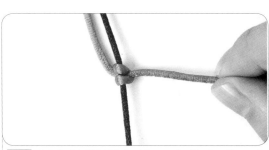

5 再次拉紧两条线，由此完成1个左斜卷结。

6 橘色线如图绕1个圈。

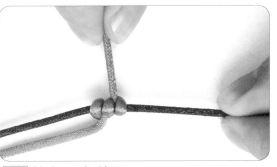

7 拉紧两条线。

8 橘色线如图再次绕 1 个圈。

9 拉紧两条线，由此又完成 1 个左斜卷结。

双左斜卷结

制作过程

1 橘色线以红色线为中心线编 1 个左斜卷结，然后如图取 1 条粉色线放在中心线的下面。

3 拉紧粉色线的两端即可。

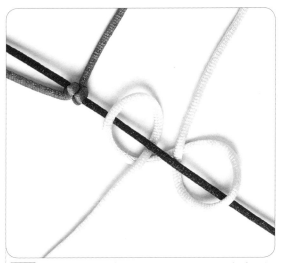

2 用粉色线按前面步骤 2~5 的方法编 1 个左斜卷结。

右斜卷结

制作过程

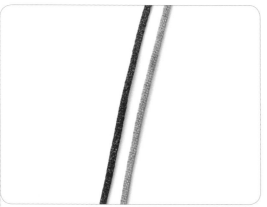

1 准备两条线。

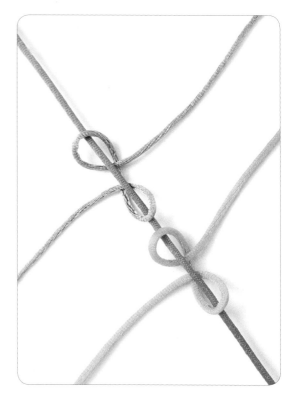

2 以红色线为中心线，橘色线如图在中心线的上面绕1个圈。（注意：以左手拿绕线，右手拿中心线的方式编结。）

4 橘色线如图在中心线的上面再绕1个圈。

3 拉紧两条线。

5 拉紧两条线，由此完成1个右斜卷结。

连续编斜卷结

1 准备两条线，并如图摆放。

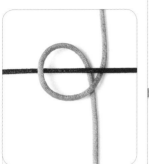

2 以红色线为中心线，橘色线如图在中心线的上面绕1个圈。

3 拉紧黄色线的两端。

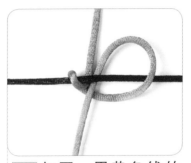

4 如图，用黄色线的下端在步骤2中形成的圈的右侧再绕1个圈。

5 拉紧黄色线的两端，由此形成1个斜卷结。

6 如图，在红色线的下方再增加1条红色线，黄色线放在第二条红色线的下面。

7 黄色线以第二条红色线为中心线，在这条中心线的上面如图再编1个斜卷结。

8 拉紧黄色线，调整好结体即可。

酢浆草结

制作过程

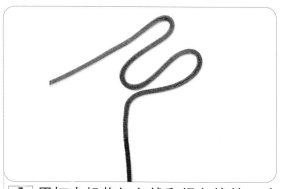

1 用打火机将红色线和绿色线的一头略烧后熔接成 1 条线，用绿色线如图做两个套。（注意：线头对折处叫做"套"，套与套之间的弧度叫做"耳"。）

2 如图将第二个套套进第一个套中。

3 用红色线做第三个套，套进第二个套中。

4 红色线如图穿过第三个套，包住第一个套。

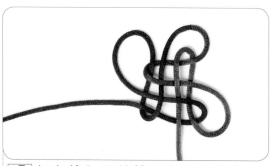

5 红色线如图从第三个套中穿出。

6 拉紧 3 个耳翼，调整结体即可。

十字结

制作过程

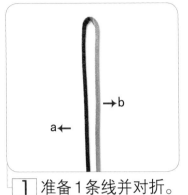

1 准备1条线并对折。

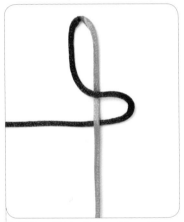

2 a段如图压挑b段，绕出右圈。

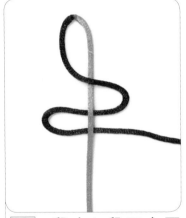

3 a段在b段下方再绕出左圈。

4 b段如图压挑左右圈，穿出左圈。

5 拉紧线。完成1个十字结。

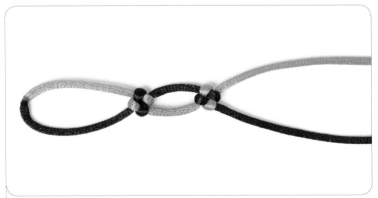

6 重复前面的做法编结，即可编出连续的十字结。

八耳团锦结

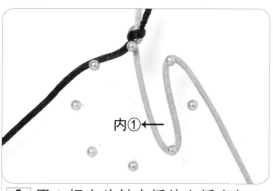

1 用8根大头针在插垫上插出如图的圆形，然后用打火机将红色线和黄色线的一头略烧后熔接成1条线，并编1个双联结，再用黄色线在大头针上绕出内①。

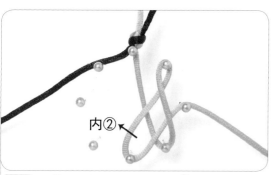

2 用黄色线如图绕出内②。

3 用黄色线如图绕出内③。

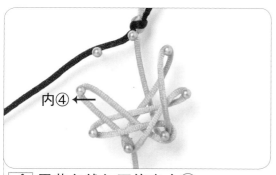

4 用黄色线如图绕出内④。

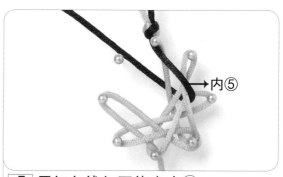

5 用红色线如图绕出内⑤。

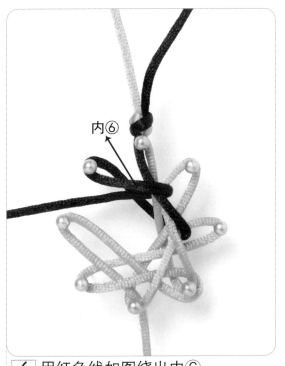

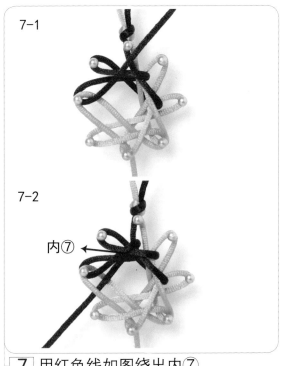

6 用红色线如图绕出内⑥。

7 用红色线如图绕出内⑦。

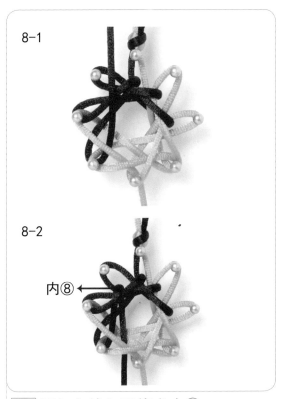

8 用红色线如图绕出内⑧。

9 从大头针上取出结体，调整耳翼，收紧内耳，用尾线编1个双联结固定。

扣环

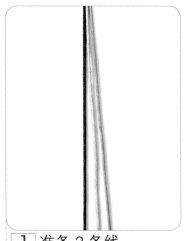

1 准备3条线。

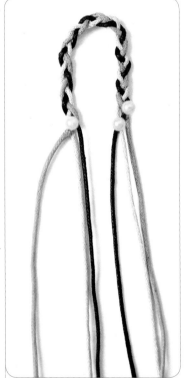

2 用这3条线编一段三股辫，然后将三股辫弯成圈状。

3 两侧各取1条线，左侧线在中心线的上方编结，右侧线在中心线的下方编结。

4 均匀用力拉紧这两条线。

5 左侧线在中心线的下方编结，右侧线在中心线的上方编结。

6 拉紧两条线即可。

结法运用

Bian Sheng

神悟

制作过程

1 取两条A玉线比齐，在中部编1个双联结。

2 如图依次穿大珠子，编双联结，穿圆珠子，再用咖啡色股线绕1.5cm。

3 同法用土黄色股线绕1.5cm。

4 用绕了股线的部分编1个双联结。

5 仿照前面的方法在大珠子的另一端穿圆珠子，绕线，编双联结。

6 如图将两端的线均缠适当长度的双面胶，然后各编1个双联结。

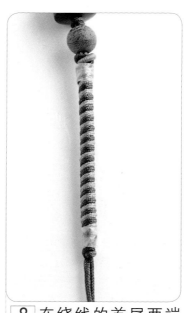

7 将土黄色和咖啡色的 A 玉线平行对齐，然后在双面胶上面绕线。

8 在绕线的首尾两端各缠一圈双面胶。

9 用咖啡色股线在双面胶上面绕线。

11 分别用两端的余线穿入 1 颗珠子，编单结收尾，再取一段 A 玉线，包着两端的余线编 4 个双向平结作活扣。

10 另一端重复步骤 7~9 的做法。

12 完成。

七彩

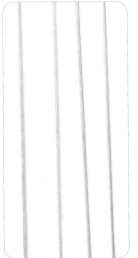

1 取 4 条粉色 A 玉线比齐。

2 分别用七彩色的股线在 A 玉线外面绕线。

3 编 1 个双联结固定，再穿入 1 个菠萝扣，然后两线一组拧 1 段两股辫。

4 同法编好另一端，然后取 1 段 A 玉线包着两端的余线编 4 个双向平结作活扣，最后，用 4 条余线穿珠子，编单结收尾，完成。

简约

制作过程

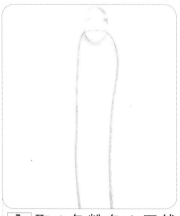

1 取1条粉色Ａ玉线穿过珠子的1个孔。

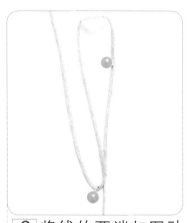

2 将线的两端如图贴合，用大头针固定。

3 一端如图绕圈，开始编1个秘鲁结。

4 一端的线如图穿过所绕的圈，从最下面的圈中穿出。

5 拉紧线。完成1个秘鲁结。

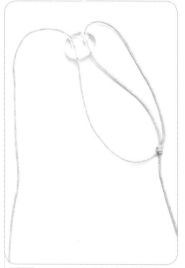

6 另一端的线穿过珠子另外一个孔。

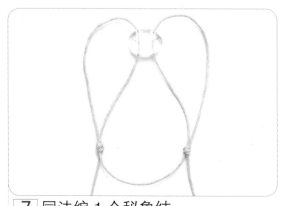

7 同法编1个秘鲁结。

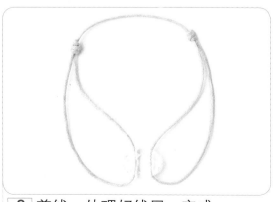

8 剪线，处理好线尾，完成。

印迹

制作过程

1 取 10 条蜡绳如图整理好。

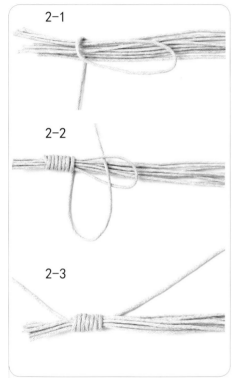

2-1

2-2

2-3

2 取其中 1 条绳包住其余的 9 条绳编秘鲁结。

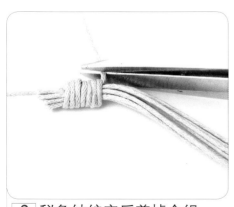

3 秘鲁结编完后剪掉余绳。

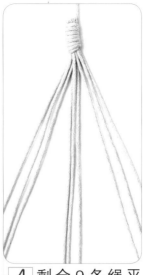

4 剩余 9 条绳平均分为三组，开始编三线三股辫。

5 编三股辫至合适长度后编秘鲁结收尾。

6 两端各留两条余绳，用步骤 3 中剪掉的余绳编秘鲁结收尾。

7 两端的余绳穿珠子，编单结收尾，完成。

流光

制作过程

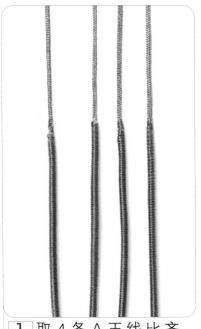

1 取 4 条 A 玉线比齐，分别绕一段股线。

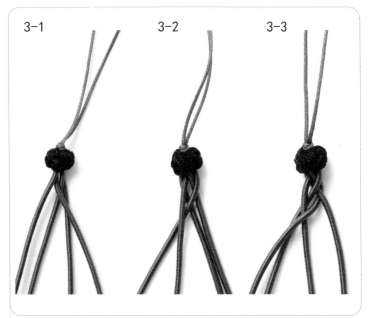

3-1　　　　　3-2　　　　　3-3

3 如图编四股辫。

2 用其中的两条线包着其余线编 1 个双联结，剪掉包住的两条线，然后在双联结的下面涂胶水，穿菠萝扣。

4 编四股辫至合适长度，同法穿菠萝扣，编双联结。

5 穿入 5 颗琉璃珠，注意珠子之间隔适当的距离。

6 两端的余线各穿 1 颗珠子，编单结收尾，取剪掉的线包着两端的余线编 4 个双向平结作活扣，完成。

彩虹

制作过程

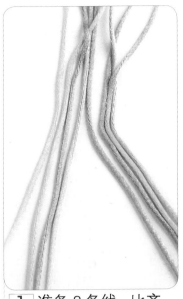

1 准备 8 条线，比齐，平均分为左右两组。

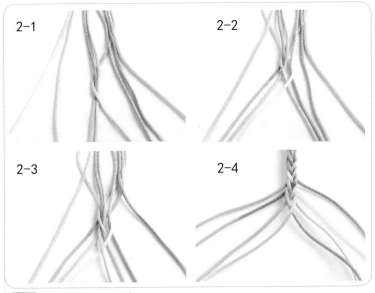

2 如图编八股辫。

2-1　　　　2-2

2-3　　　　2-4

3 编好一段合适长度的八股辫。

4 八股辫的两端分别取两条线包着其余线编双联结。

5 剪掉多余的尾线。

6 用剪掉的其中一段线包着两端的余线编 4 个双向平结作活扣。

7 两端的余线分别编单结收尾，完成。

缠绵

制作过程

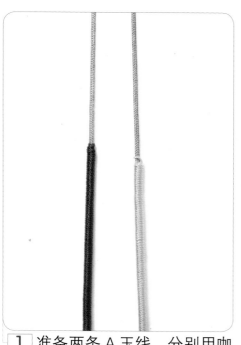

1 准备两条 A 玉线，分别用咖啡色和黄色股线绕一段线。

2 用未绕线的部分编 1 个双联结，在双联结下面涂胶水，穿菠萝扣，用绕线的部分拧一段两股辫，再重复前面的做法。

3 取一段 A 玉线包着两端的余线编双向平结作活扣，然后分别用两端的余线穿珠子，编单结收尾，完成。

清新

制作过程

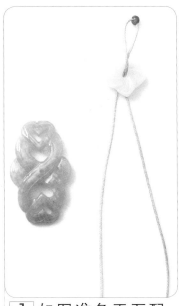

1 如图准备玉石配件和线，按如图的方式穿好。

2 将所有配件都穿好。

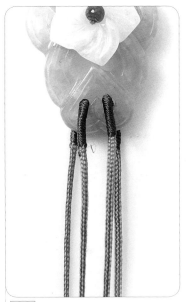

3 另外准备两条线，用股线分别在这两条线的中间位置绕适当的长度，然后用这两条线分别穿过玉石配件下面的孔。

4 用没有绕股线的部分穿玉石珠子，然后在玉石珠子的下面分别编1个蛇结。

5 如图在蛇结的下端绕适当长度的股线。

6 用绕了股线的部分编1个双联结。

7 用中间的两条线合穿 1 颗玉石珠子，用其余的两条线包住玉石珠子，然后在下端编 1 个蛇结。

8 仿照步骤 5、6 的做法，编 1 个双联结。

9 用 4 条线如图编蛇结。

10 如图做好手链的一边。

11 用同样的方法做好手链的另一边。

12 另外取 1 条线，包住手链的链绳编双向平结作活扣，两端的余线分别穿珠子，编单结收尾，完成。

好运

制作过程

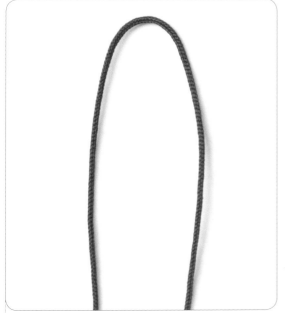

1 准备 1 条 6 号线对折。

2 如图编 1 个双联结，注意留出扣环。

3 在中间位置编一段金刚结。

4 另一端编 1 个
纽扣结，完成。

招财

制作边程

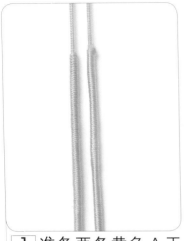

1 准备两条黄色Ａ玉线，然后用黄色股线分别在这两条线的外面绕适当的长度。

2 用未绕线的部分编1个双联结，然后在双联结下面穿入1个菠萝扣。

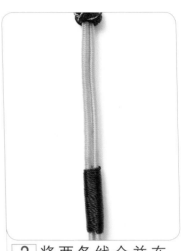

3 将两条线合并在一起，然后用蓝色股线在合适的位置绕适当的长度。

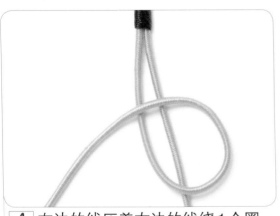

4 左边的线压着右边的线绕1个圈，开始编双钱结。

5 编好1个双钱结。

6 继续再编两个双钱结，再仿照前面的做法，做好手链另一边的链绳，另取一段线，包着两端的余线编双向平结作活扣，最后用两端的余线穿珠子，编单结收尾，完成。

完美

制作过程

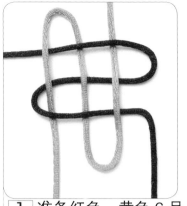

1 准备红色、黄色6号线各1条，比齐，按照十字结走线的方法走线。

2 拉紧线。完成1个十字结。

3 两线同穿1颗金属珠。

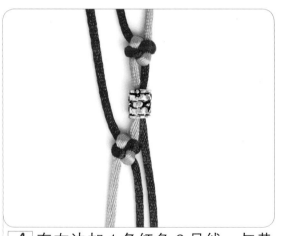

4 在左边加1条红色6号线，与黄色线合在一起编1个十字结。

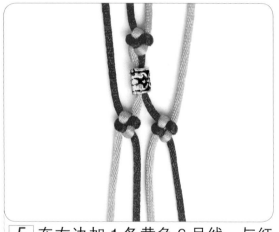

5 在右边加1条黄色6号线，与红色线合在一起编1个十字结。

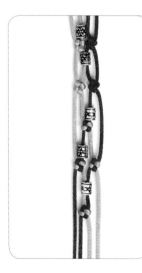

6 用黄色线穿金属珠，用中间的线编十字结，再用黄色线穿金属珠，分别用两边的线编十字结，然后仿照前面的做法穿金属珠，编十字结。

7 如图用线在手链两端编平结固定，然后加金属链和龙虾扣，完成。

爱恋

制作过程

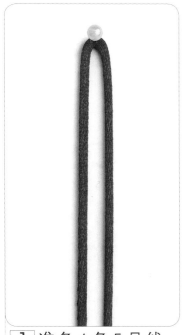

1 准备1条5号线对折。

2 拧一段两股辫,取一段线固定两股辫。

3 在两股辫下面编1个纽扣结。

4 拉紧线,调整好纽扣结的结体,去掉固定的线。

5 再编两个纽扣结。

6 拧一段与前面长度相同的两股辫,再编1个纽扣结,处理好线尾,完成。

牵挂

制作过程

1 准备 1 条红色线和 1 条黑色线，用这两条线合穿入 1 个陶瓷弯管。

2 在陶瓷弯管的两端分别编 4 个双线纽扣结。

3 两边分别穿入 1 颗陶瓷珠，然后分别编 4 个双线纽扣结。

4 两边分别穿入 1 颗陶瓷珠，再分别编 12 个蛇结。

5 两边分别拧一段两股辫，另取 1 条黑色线，包住尾线做绕线，然后用两端的尾线分别编 1 个双联结收尾，完成。

117

经典

制作过程

1 将 4 条 7 号韩国丝置于食指与中指之间。

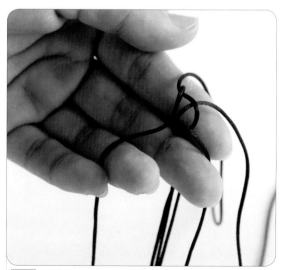

2 4 条线按逆时针方向相互挑压，开始编玉米结。

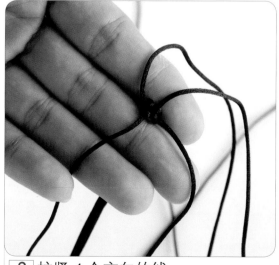

3 拉紧 4 个方向的线。

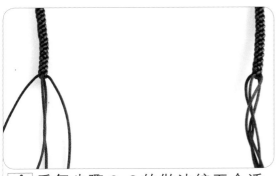

4 重复步骤 2~3 的做法编至合适长度。

5 穿入 1 个镂空银饰。

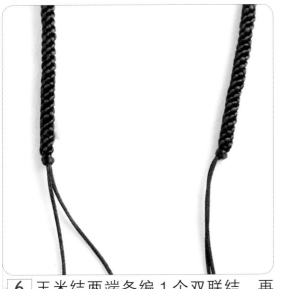

6 玉米结两端各编 1 个双联结，再剪掉两条余线。

7 将两端的余线交叉摆放，加 1 条 7 号韩国丝编 4 个双向平结，剪线收尾。

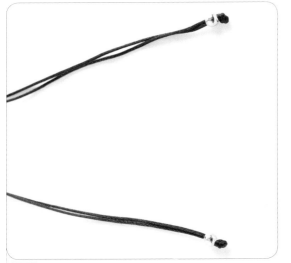

8 两端的余线各留合适的长度，穿入 1 颗珠子，编 1 个单结收尾。

9 完成。

福寿

制作过程

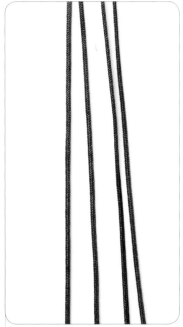

1 准备 4 条 A 玉线，比齐。

2 用这 4 条线穿 1 个"寿"字玉石，再分别穿 1 颗珠子。

3 4 条线以逆时针的方向相互压挑。

4 拉紧四个方向的线，编好 1 个玉米结。

5 仿照步骤 3~4 的做法再编两个圆形玉米结，然后分别穿珠子。

6 编至如图长度，再穿 1 颗莲花玉石。

121

7 在莲花玉石下面再编一段圆形玉米结。

8 如图做好手链另一边的链绳。

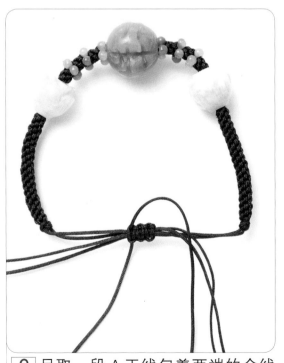

9 另取一段A玉线包着两端的余线编双向平结作活扣。

10 用两端的余线穿珠子，编单结收尾，完成。

绿意

制作过程

1 准备4条土黄色A玉线和两条绿色A玉线，如图呈十字交叉摆放。

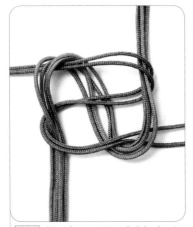

2 将线以逆时针方向相互挑压。

3 拉紧四个方向的线。

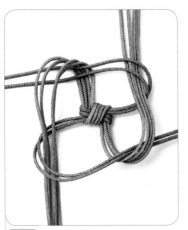

4 翻面，重复步骤2的做法。

5 拉紧四个方向的线。

6 将线以顺时针方向相互挑压。

7 继续拉紧线。完成1个方形玉米结。

8 重复编方形玉米结至合适长度。

9 将土黄色线的余线藏进玉米结结体中，剪掉余线并处理好线尾，然后在上方加两条绿色A玉线。

10 两端的余线分别用绿色和黄色股线绕一段线。

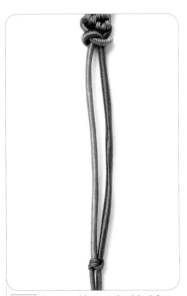

11 如图编1个蛇结，然后在未绕线的地方编1个金刚结固定。

12 如图在绕线部分首尾两端绕线。

13 做好手链两边的链绳，另取1条线包着余线编双向平结，然后将两端的余线分别编单结收尾，完成。

佛缘

制作过程

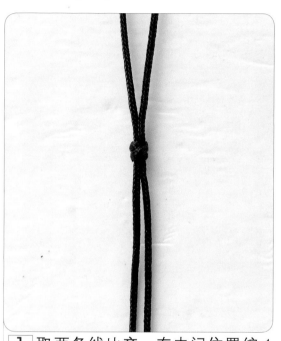

① 取两条线比齐，在中间位置编1个双联结。

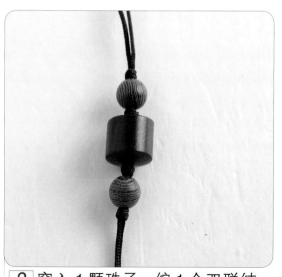

② 穿入1颗珠子，编1个双联结，穿入1颗珠子，再编1个双联结。

③ 按如图的方式加入两条线。

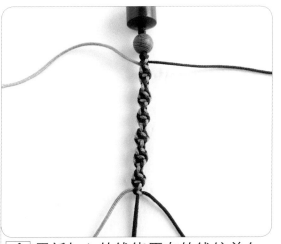

4 用新加入的线绕原有的线编单向平结至合适长度。

5 另一端按照同样的方法编好。

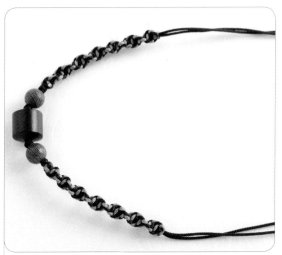

6 仅保留两条主线，剪掉余线。

7 取一段 A 玉线如图包住保留的 4 条线编 4 个双向平结。

8 在合适的位置编单结，剪掉余线，处理好所有线尾。

9 完成。

素雅

制作过程

1 将8条A玉线对齐，取一条线包住其他线，在合适位置编1个双联结（留出适当长度收尾）。

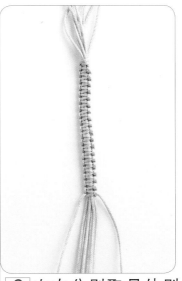

2 左右分别取最外则两条线包住其余所有的线编双向平结至合适长度。

3 从左至右共8条线，以第五条为主线，其左侧4条分别绕其编斜卷结；再以第四条为主线，其右侧3条线依次绕其编斜卷结。

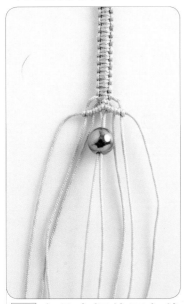

4 在最中间的两条线上穿入1颗珠子。

5 主线不变，参照步骤3分别用与之相邻线绕其编斜卷结包住珠子。

6 如图，左右各4条线，取中间两线作主线，另外的3条线分别绕其编斜卷结（外侧两线先穿珠子再编结）。

7 重复步骤4~6两次后，再重复步骤4~5一次，效果如图。

8 左右分别取最外则两条线包住其余所有的线编双向平结至合适长度。

9 编1个双联结收尾。

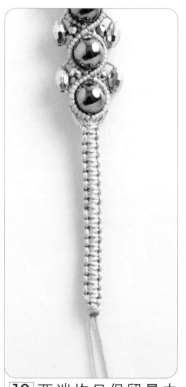

10 两端均只保留最中间两条线，将多余的线剪掉。

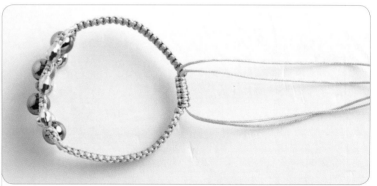

11 取一段A玉线如图包住剩余的4条线编4个双向平结，剪掉多余的线。

12 两端的余线分别穿珠子，编单结，处理好所有线尾，完成。

白莲

制作过程

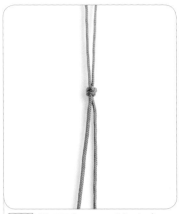

1 将两条A玉线比齐。在中部编1个双联结。

2 如图穿入1个珠花，编双联结。

3 将两条三股线合在一起，包着塑料圆环编雀头结。

4 编满整个塑料圆环后剪线。

5 共准备4个编结圆环。

6 用珠花一端的玉线穿过1个编结圆环，再同穿入1颗珠子。

7 编双联结，穿编结圆环和珠子，再编1个双联结。珠花的另一端同法处理。

8 加1条A玉线，以两条玉线为中心线编双向平结。

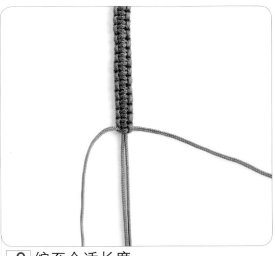

9 编至合适长度。

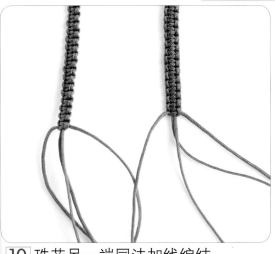

10 珠花另一端同法加线编结。

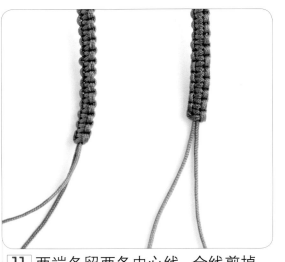

11 两端各留两条中心线，余线剪掉。

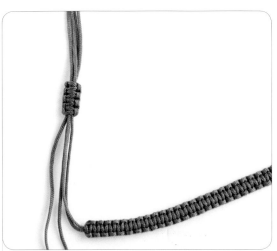

12 将两端的中心线交叉摆放，加 1 条 A 玉线，编 4 个双向平结，剪线。

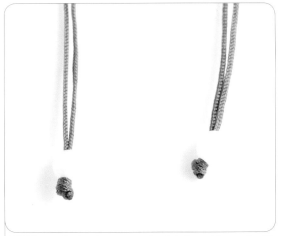

13 两端各穿入 1 颗珠子，编 1 个单结收尾。

14 完成。

雀跃

· 制作过程

1 准备蓝色、红色A玉线各1条，蓝色线以红色线为中心线编雀头结。

2 拉紧蓝色线。

3 再取1条红色线，以原红色线为中心线编雀头结。

4 红色线的一端如图压挑。

5 拉紧红色线。

6 如图继续压挑。

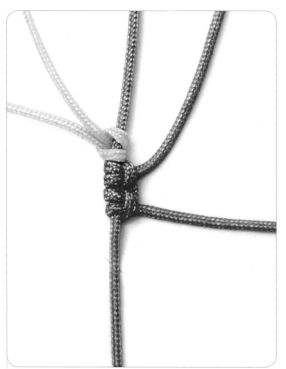

7 拉紧红色线，再编 1 个雀头结。

8 用红色线再编 4 个雀头结，然后用蓝色线穿珠子，再如图编 1 个雀头结。

9 仿照前面的做法穿珠子，编雀头结至合适长度。

10 用两端的余线穿珠子，编单结收尾，然后另取一段线，包着两端的余线编双向平结作活扣，完成。

祥和

· 制作过程

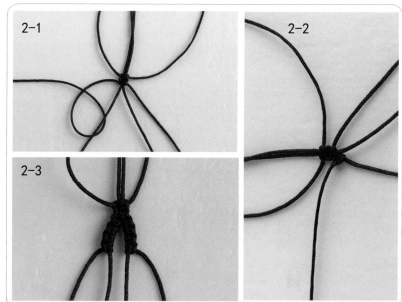

2-1

2-2

2-3

1 如图，以两条线为主线，另外两条绕其编两个双向平结。

2 将 4 条线分成左右两组，分别编 4 个雀头结。

3 最中间两条线交叉穿入 1 颗珠子。

4 左右分别再编 4 个雀头结。

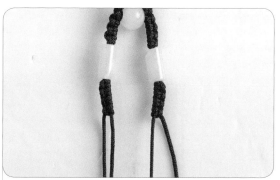

5 如图左右的各两条线分别穿入 1 颗珠子。

6 左右分别再编 4 个雀头结。

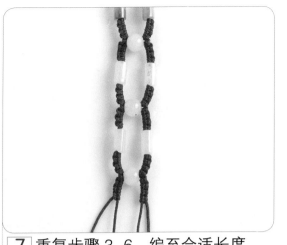

7 重复步骤 3~6，编至合适长度。

8 两端均用最外层两条线包住中间的线编两个双向平结。

9 如图两端均只保留最中间两条线，剪掉多余的线，处理好线尾。

10 取一段线如图包住剩余的线编 4 个双向平结。

11 穿入尾珠，编单结，剪掉余线，处理好线尾。

12 成品如图。

忘却

·制作过程

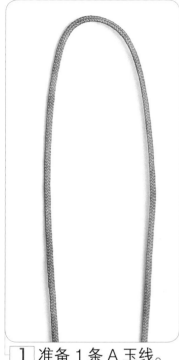

1 准备 1 条 A 玉线。

2 如图，在 A 玉线的上端留出 1 个小圈，作为这款手绳的活扣。然后用股线在小圈的下面绕线，绕出适当的长度。

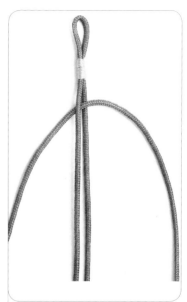

3 如图再加 1 条 A 玉线，用这 4 段线编一段四股辫。

4 用其中的两段线包住另外的两段线编 1 个双联结，然后剪掉被包的两段线。

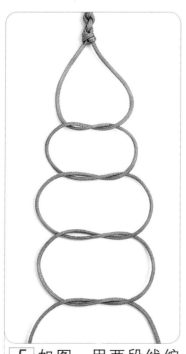

5 如图，用两段线编 4 个单结，由此开始编 1 个藻井结。

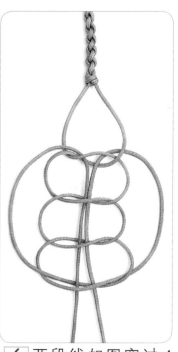

6 两段线如图穿过 4 个单结的中心。

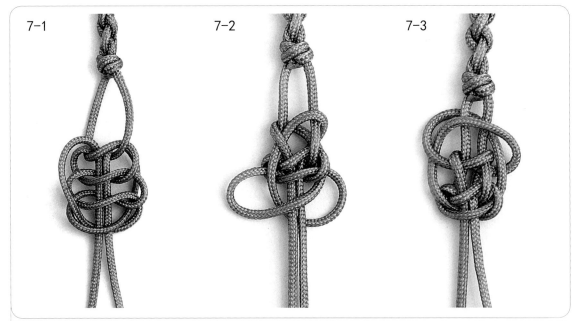

7-1　　　　　　　7-2　　　　　　　7-3

7 调整线的长度，使结体缩小，然后将结体下端的两个圈如图往上翻，再将最下端的两个圈往上翻。

8 按照线的走向调整好结体。

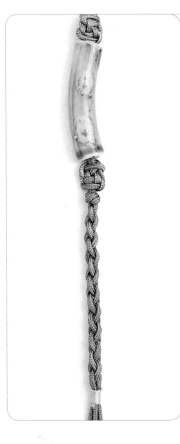

9 在藻井结的下端穿入1个陶瓷弯管，然后按照步骤3~8的做法，依次编藻井结和四股辫，再绕股线。

10 用两条余线合穿入1颗珠子，然后编1个单结收尾，完成。

无双

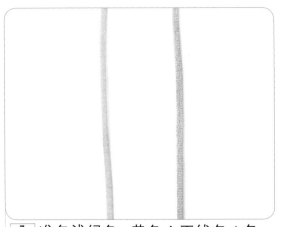

1 准备浅绿色、黄色A玉线各1条。

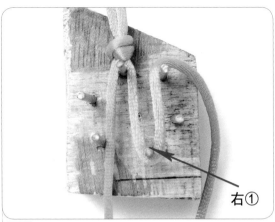

2 将两条线比齐，在合适的位置编1个双联结，上钉板，黄色线如图绕出右①。

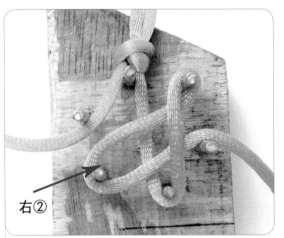

3 绕出右②。

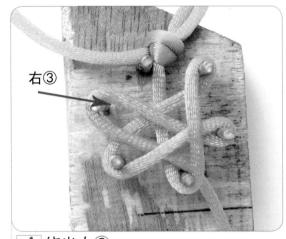

4 绕出右③。

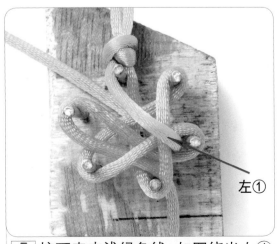

5 接下来走浅绿色线，如图绕出左①。

6 如图走线。

7 绕出左②。

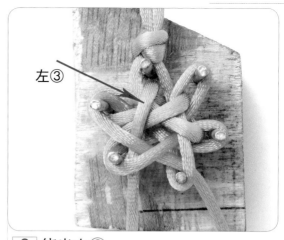

左③

8 绕出左③。

9 从钉板上取出结体。

10 拉紧线，调整好结体，再编1个双联结固定。

11 两线对穿1颗平面珠，仿照前面的做法编结穿珠。

12 另取一段线包着两端的余线编双向平结作活扣，并将余线编单结收尾，完成。

幸运

· 制作过程

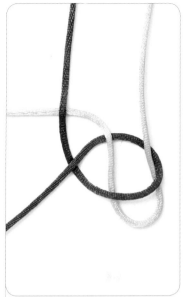

1 准备蓝色、粉色6号线各1条,先将蓝色线绕1个圈,再将粉色线如图套入圈中。

2 根据纽扣结走线的方法走线。

3 拉紧线。完成1个纽扣结。

4 穿玉珠,同法编纽扣结,再穿入1颗磨砂金珠。

5 蓝色线如图走线,开始编1个酢浆草结。

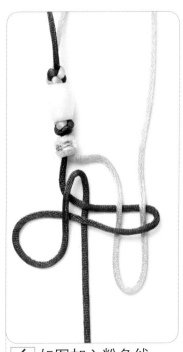

6 如图加入粉色线。

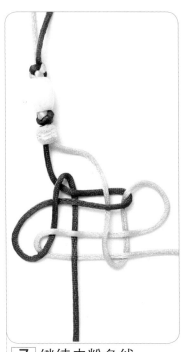

7 继续走粉色线。

8 拉紧线，调整好酢浆草结的结体。

9 编1个双联结，用粉色线穿1颗金属珠，然后两条线合在一起编1个十字结。

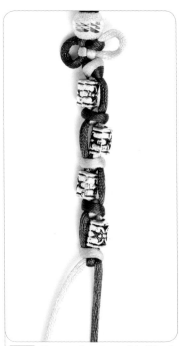

10 仿照步骤9的做法编十字结，穿金属珠。

11 做好手链两边的链绳，然后取一段粉色线包着两端的余线编双向平结作活扣，再用余线穿珠子，编单结收尾，完成。

繁花

制作边程

1 此款手链从中部开始编，将10条A玉线对齐，对折后在线的中部编活结，将右边的一组拉向上方，左边一组分为左6右4。

2 拿左边最靠内的一段线作主线，另外5段线绕其编斜卷结。

3 拿左边最靠内的一段线作主线，右边4段线绕其编斜卷结。完成第一个"人"字形。

4 将线平均分为左右两组，拿右边最靠里的一段当主线，左边5段线绕其编斜卷结；再拿左边最靠里的一段当主线，右边4段线绕其编斜卷结。完成第二个"人"字形。

5 在中间的两段线上穿入珠子。

6 拿左边最靠外的一段线当主线，其余4段线依次绕其编斜卷结。

7 拿右边最靠外的一段线当主线，其余的5段线依次绕其编斜卷结。完成1个倒"人"字形。

8 重复以上步骤6~7。完成第二个倒"人"字形。

9 始终拿最左边的线作主线，再拿旁边的线依次绕其编3个、2个、1个斜卷结；同左边编法，始终拿最右边的线作主线，再拿旁边的线依次绕其编4个、3个、2个、1个斜卷结。

10 现左右各5段线，选左边最靠内的线为主线，旁边4段线绕其编斜卷结；再选右边最靠内的线为主线，旁边4段绕其编斜卷结。

11 继续交替选取两边最靠内的线为主线，其余的线绕其编斜卷结，编至合适长度后，如图收尾，另一端也按同样方法编好。

12 用两边最外侧的两段线编两个双向平结。

13 留主线，剪掉多余的线。

14 另取一段线按如图的方法包住主线编4个双向平结。

15 将线末端编单结，剪掉多余的线，处理好所有线尾。

16 完成。

151

貔貅

· 制作过程

1 准备两条 A 玉线，对折，同穿入貔貅配件下方的孔。

2 加两条对折的 A 玉线，用股线将所有 A 玉线绑在一起，形成 8 段线，用这 8 段线同穿入 1 个菠萝扣。

3 将线平均分为左右两组，然后以右边最里的线为中心线，左边邻近的线如图压挑。

4 拉紧线。完成 1 个斜卷结。

5 左边第三段线以右边最里的线为中心线编斜卷结。

6 左边的线分别绕同一中心线编斜卷结。

7 将中心线从左边拉向中间，用左边的线在上面编斜卷结。

8 仿照前面的做法，编好右边。

9 用中间的两段中心线同穿入1颗珠子。

10 围绕珠子编一圈斜卷结。

11 如图编好中间位置的斜卷结，右边的线分别穿入1颗、3颗珠子。

12 将左边的中心线拉向右，然后用右边的线在上面编斜卷结。

13 同法在左边穿珠子，编斜卷结。

14 仿照前面的做法，做好手链两边的链绳。

15 两边各取一段Ａ玉线，包着所有线编双向平结。

16 各留下中间两段线，余者剪掉并处理好线尾。

17 另取线包着两端的余线编双向平结作活扣，再用两端的余线穿珠子，编单结收尾，完成。

图书在版编目（CIP）数据

编绳基础入门全书 / 犀文图书编著 . 一 天津 : 天
津科技翻译出版有限公司, 2014.1
　（手工基础入门）
　ISBN 978-7-5433-3339-0

　Ⅰ.①编… Ⅱ.①犀… Ⅲ.①绳结－手工艺品－制作
Ⅳ.① TS935.5

中国版本图书馆 CIP 数据核字 (2013) 第 311052 号

出　　　版：天津科技翻译出版有限公司

出 版 人：刘　庆

地　　　址：天津市南开区白堤路 244 号

邮政编码：300192

电　　　话：（022）87894896

传　　　真：（022）87895650

网　　　址：www.tsttpc.com

策　　　划：犀文图书

印　　　刷：深圳市新视线印务有限公司

发　　　行：全国新华书店

版本记录：787×1092　16 开本　10 印张　100 千字

　　　　　2014 年 1 月第 1 版　2014 年 1 月第 1 次印刷

　　　　　定价：39.80 元

（如发现印装问题，可与出版社调换）